高等学校**数字智能产教融合**系列教材

云网融合
技术与应用

温 武 刘俊修 易海博 徐 洋 主编

清华大学出版社
北 京

内 容 简 介

本书从理论、实践和案例分析三个方面,详细介绍了云网融合技术的相关原理、应用场景、实现方法、优缺点及未来发展趋势等内容,并注重理论与实践相结合,提供了基于实际场景的实践案例,让读者能够学以致用甚至在实际工作中使用所学知识解决实际问题。

本书编者具有丰富的教学和实际工作经验,能够将学术理论和商业应用有机融合,为读者提供权威、可靠及实用的学习参考材料。

本书适合作为高等院校、职业院校的计算机网络、网络工程等相关专业的教材,也适合从事网络技术相关工作的从业人员进行学习和参考。同时,本书还适合对云网融合技术感兴趣的学者和研究人员参考,并为相关领域的企业和政府机构提供技术支持。

本书封面贴有清华大学出版社防伪标签,无标签者不得销售。
版权所有,侵权必究。举报: 010-62782989, beiqinquan@tup.tsinghua.edu.cn。

图书在版编目(CIP)数据

云网融合技术与应用 / 温武等主编. -- 北京:
清华大学出版社, 2024.11. -- (高等学校数字智能产教
融合系列教材). -- ISBN 978-7-302-67638-6
Ⅰ. TP393.027
中国国家版本馆 CIP 数据核字第 20242M2V98 号

责任编辑: 田在儒
封面设计: 刘　键
责任校对: 刘　静
责任印制: 刘　菲

出版发行: 清华大学出版社
网　　址: https://www.tup.com.cn, https://www.wqxuetang.com
地　　址: 北京清华大学学研大厦 A 座　　邮　编: 100084
社 总 机: 010-83470000　　邮　购: 010-62786544
投稿与读者服务: 010-62776969, c-service@tup.tsinghua.edu.cn
质量反馈: 010-62772015, zhiliang@tup.tsinghua.edu.cn
课件下载: https://www.tup.com.cn, 010-83470410

印 装 者: 三河市铭诚印务有限公司
经　　销: 全国新华书店
开　　本: 185mm×260mm　　印　张: 8.75　　字　数: 210 千字
版　　次: 2024 年 11 月第 1 版　　印　次: 2024 年 11 月第 1 次印刷
定　　价: 49.00 元

产品编号: 104515-01

前　言

近年来，随着经济全球一体化的发展趋势，制造业正在经历新一轮的数字化、智能化的转型升级。在我国，伴随"新基建"政策的落地，5G、云计算、物联网等"新基建"领域不断发展。作为"新基建"重点建设的技术高地之一，云计算与大数据、物联网及人工智能结合紧密，得到了多个行业的广泛应用。其中，大数据是基础，物联网是架构，云计算是中心，人工智能是产出，四者共存共生，彼此依附。

云计算相关技术正在逐渐取代传统 IT 基础架构，成为企业数字化转型的重要基础支撑。随着国家把"新基建"作为战略发展方向，云网融合技术也随之提升到了更高的高度，同时，高速互联网的发展也为云计算解决方案应用于生产补齐了最后一块短板。因此，其发展前景十分值得期待。

云网融合围绕云网的基础资源层，从云内、云间和入云到多云协同和云网边端协同，不断推进和深化，重点聚焦政务服务、社会管理、工业制造、交通、教育、医疗及文化旅游等传统基础设施领域。为避免在学习中无法将学到的技术与实际的项目实施进行有效的融合，本书在内容结构和展现形式方面做出了一些创新性的改变，便于读者的理解和学习。

我们希望读者能够通过本书，了解和掌握云计算和网络技术的最新发展趋势、基本概念、技术应用和安全防护等方面的知识，从而更好地适应企业数字化转型的需求，为企业的发展提供技术支持和保障。

本书为广州大学产教融合建设项目（教材类）"云网融合技术与应用"（24CJRH03）成果。本书由温武、刘俊修、易海博、徐洋担任主编，包蔚然、周子恒、李丽、文思群、王必成担任副主编，新华三技术有限公司为本书的编写提供了技术与平台支持。

最后，我们要感谢所有为本书编写、审校、排版等工作付出辛勤努力的工作人员。同时，也感谢广大读者的支持与厚爱。我们期待通过本书，与读者共同迈向云计算和网络技术的美好未来，为国家"新基建"战略发展贡献力量。

编　者
2024 年 6 月

目 录

第 1 部分 项 目 背 景

第 1 章 本书教学项目介绍 ······ 3
1.1 项目概述 ······ 3
1.2 建设需求 ······ 3

第 2 部分 网 络 架 构

第 2 章 网络基础架构设计 ······ 7
2.1 建设需求 ······ 7
   2.1.1 客户需求 ······ 7
   2.1.2 需求分析 ······ 8
2.2 层级化网络模型 ······ 8
   2.2.1 接入层 ······ 9
   2.2.2 汇聚层 ······ 9
   2.2.3 核心层 ······ 10
2.3 层级化网络模型的优点 ······ 10
2.4 层级化网络模型设计 ······ 11
   2.4.1 三层结构 ······ 11
   2.4.2 二层结构 ······ 12
2.5 实践任务 ······ 12

第 3 章 高可靠性网络建设 ······ 13
3.1 建设需求 ······ 13
   3.1.1 用户需求 ······ 13
   3.1.2 需求分析 ······ 13
3.2 高可靠性技术 ······ 14
3.3 链路备份技术 ······ 15

　　　　3.3.1　链路聚合技术 …………………………………… 15
　　　　3.3.2　RRPP …………………………………………… 15
　　　　3.3.3　Smart Link ……………………………………… 16
　　3.4　设备备份技术 ……………………………………………… 16
　　　　3.4.1　设备自身的备份技术 …………………………… 16
　　　　3.4.2　设备间的备份技术 ……………………………… 17
　　3.5　堆叠技术 …………………………………………………… 17
　　3.6　实践任务 …………………………………………………… 18

第 4 章　企业级路由规划方案 …………………………………………… 20

　　4.1　建设需求 …………………………………………………… 20
　　　　4.1.1　用户需求 ………………………………………… 20
　　　　4.1.2　需求分析 ………………………………………… 20
　　4.2　子网规划 …………………………………………………… 21
　　　　4.2.1　计算子网地址 …………………………………… 22
　　　　4.2.2　IP 子网划分的常用计算 ………………………… 22
　　4.3　企业级路由规划 …………………………………………… 25
　　4.4　路由技术及特性 …………………………………………… 27
　　　　4.4.1　直连路由 ………………………………………… 27
　　　　4.4.2　静态路由 ………………………………………… 28
　　　　4.4.3　动态路由协议 …………………………………… 29
　　　　4.4.4　路由特性 ………………………………………… 31
　　4.5　实践任务 …………………………………………………… 34

第 5 章　网络业务隔离方案 ……………………………………………… 35

　　5.1　建设需求 …………………………………………………… 35
　　　　5.1.1　用户需求 ………………………………………… 35
　　　　5.1.2　需求分析 ………………………………………… 36
　　5.2　虚拟局域网技术 …………………………………………… 36
　　　　5.2.1　VLAN 技术原理 ………………………………… 38
　　　　5.2.2　VLAN 端口类型 ………………………………… 38
　　　　5.2.3　VLAN 配置思路 ………………………………… 39
　　5.3　包过滤防火墙 ……………………………………………… 39
　　　　5.3.1　包过滤防火墙原理 ……………………………… 40
　　　　5.3.2　ACL 的分类 ……………………………………… 41
　　　　5.3.3　配置 ACL 包过滤 ………………………………… 41
　　　　5.3.4　包过滤防火墙部署要点 ………………………… 41
　　　　5.3.5　包过滤的局限性 ………………………………… 42
　　5.4　实践任务 …………………………………………………… 43

第 6 章　网络服务质量 ·· 44

6.1　服务质量设计需求 ·· 44
　　6.1.1　建设需求 ·· 44
　　6.1.2　需求分析 ·· 45
6.2　服务质量的衡量标准 ·· 45
　　6.2.1　带宽 ·· 45
　　6.2.2　延迟 ·· 46
　　6.2.3　抖动 ·· 47
　　6.2.4　丢包率 ·· 47
6.3　常见应用对网络服务质量的要求 ·· 47
6.4　QoS 的功能 ·· 48
　　6.4.1　提高服务质量的方法 ·· 48
　　6.4.2　QoS 的功能 ·· 49
6.5　服务模型 ·· 49
　　6.5.1　best effort 模型 ·· 49
　　6.5.2　区分服务模型 ·· 50
　　6.5.3　综合服务模型 ·· 50
6.6　实践任务 ·· 51

第 7 章　企业网络优化 ·· 52

7.1　建设需求 ·· 52
　　7.1.1　用户需求 ·· 52
　　7.1.2　需求分析 ·· 52
7.2　路由过滤 ·· 53
　　7.2.1　路由过滤的方法 ·· 53
　　7.2.2　路由过滤的工具 ·· 54
7.3　路由策略 ·· 55
7.4　路由引入 ·· 56
7.5　实践任务 ·· 57

第 3 部分　云计算解决方案

第 8 章　云平台介绍 ·· 61

8.1　建设需求 ·· 61
　　8.1.1　用户需求 ·· 61
　　8.1.2　需求分析 ·· 61
8.2　主流云平台 ·· 62
8.3　OpenStack ·· 62

8.4　H3C CAS 组件 …… 63
8.5　实践任务 …… 64

第 9 章　云资源介绍 …… 66

9.1　建设需求 …… 66
 9.1.1　用户需求 …… 66
 9.1.2　需求分析 …… 67
9.2　云服务器 …… 67
 9.2.1　服务器的分类 …… 67
 9.2.2　服务器的特点 …… 68
 9.2.3　服务器硬件组件 …… 69
 9.2.4　服务器软件功能 …… 73
9.3　云存储 …… 74
 9.3.1　存储系统组成 …… 74
 9.3.2　存储分类 …… 75
 9.3.3　DAS/NAS/SAN 比较 …… 76
 9.3.4　存储的性能指标 …… 77
 9.3.5　基于网络的 SCSI …… 77
 9.3.6　RAID 技术 …… 78
9.4　实践任务 …… 79

第 10 章　云平台建设 …… 80

10.1　建设需求 …… 80
 10.1.1　用户需求 …… 80
 10.1.2　需求分析 …… 80
10.2　云平台规划 …… 81
10.3　云管理平台的部署 …… 82
 10.3.1　云平台与操作系统集成 …… 82
 10.3.2　基于某系统的独立云平台部署 …… 83
 10.3.3　部署 H3C CAS …… 84
10.4　实践任务 …… 84

第 11 章　云资源管理 …… 85

11.1　建设需求 …… 85
 11.1.1　用户需求 …… 85
 11.1.2　需求分析 …… 85
11.2　云资源分类 …… 86
11.3　云资源管理任务 …… 86
11.4　H3C 云资源管理 …… 87

		11.4.1 云资源架构	87
		11.4.2 计算资源	88
		11.4.3 网络资源	89
		11.4.4 存储资源	90
	11.5	实践任务	91

第 4 部分　云 网 融 合

第 12 章　云网络优化 · 95

- 12.1 建设需求 · 95
  - 12.1.1 用户需求 · 95
  - 12.1.2 需求分析 · 95
- 12.2 云计算网络的结构优化 · 96
- 12.3 云计算网中业务隔离需求 · 97
- 12.4 云计算网络的策略管理 · 98
- 12.5 实践任务 · 99

第 13 章　企业应用发布 · 100

- 13.1 建设需求 · 100
  - 13.1.1 用户需求 · 100
  - 13.1.2 需求分析 · 101
- 13.2 私有云数据中心部署应用服务的注意事项 · 101
- 13.3 针对企业内部发布的应用的部署流程 · 101
- 13.4 针对互联网发布的应用的部署流程 · 102
- 13.5 企业应用发布在网络方面的注意事项 · 103
- 13.6 实践任务 · 103

第 5 部分　项 目 交 付

第 14 章　项目验收 · 107

- 14.1 项目验收流程 · 107
- 14.2 实践任务 · 108

第 15 章　项目标准文档 · 109

- 15.1 项目总结报告 · 109
  - 15.1.1 项目总结报告的书写规范 · 109
  - 15.1.2 项目总结报告的注意事项 · 110
- 15.2 技术报告 · 110
  - 15.2.1 技术报告的结构与内容 · 110

15.2.2　书写规范与注意事项 …… 111
　15.3　项目实施方案 …… 111
　　　15.3.1　项目实施方案的结构 …… 111
　15.4　项目验收报告 …… 112
　　　15.4.1　报告目的 …… 113
　　　15.4.2　报告内容 …… 113
　　　15.4.3　报告结构 …… 113
　　　15.4.4　书写规范与注意事项 …… 113
　　　15.4.5　项目验收报告的提交与审查 …… 114
　15.5　维护手册 …… 114
　　　15.5.1　手册的目的 …… 114
　　　15.5.2　手册内容 …… 114
　　　15.5.3　手册结构 …… 115
　　　15.5.4　书写规范与注意事项 …… 115
　　　15.5.5　手册的更新和维护 …… 115
　　　15.5.6　手册的发布与分发 …… 115
　15.6　实践任务 …… 116

第 6 部分　新技术展望

第 16 章　云网新技术 …… 119

　16.1　新网络技术概述 …… 119
　16.2　SDN …… 121
　　　16.2.1　SDN 架构 …… 121
　　　16.2.2　交换机和南向接口技术 …… 122
　　　16.2.3　SDN 主流技术 …… 122
　　　16.2.4　SDN 基础设施 …… 123
　　　16.2.5　OpenFlow 流表介绍 …… 124
　16.3　VXLAN …… 124
　　　16.3.1　VXLAN 的优势 …… 125
　　　16.3.2　VXLAN 的概念 …… 125
　　　16.3.3　VXLAN 的隧道模式 …… 127
　16.4　云网融合解决方案 …… 128
　16.5　实践任务 …… 129

参考文献 …… 130

第1部分

项目背景

了解目标客户的基本情况、业务发展需求和建设需求,是科学设计云计算解决方案的基础。

第 1 章

本书教学项目介绍

1.1 项目概述

目标客户是一家专注于软件开发和信息技术服务的全球性公司(简称 M 公司)。业务范围涵盖多个领域,包括但不限于企业级应用、移动应用、网站开发、数据分析以及网络安全。M 公司总部设在 A 城市。因业务发展需求,M 公司计划在 B 城市设立一个研发中心,主要业务为公司自有软件研发和 B 市本地的软件外包业务,后期计划将公司主要数据中心迁移至 B 市,届时 B 市数据中心将成为公司主要的数据中心,为全球用户提供服务。

B 市研发中心计划容纳 300 人,包含行政部门、市场部门、四个项目组、一个数据中心,其中一个项目组为涉密开发,保密级别为"机密"。

数据中心向用户提供线上业务管理服务,同时为内部员工提供多种企业应用和文件管理、测试等服务。在第一期建设中预计部署 20 台服务器,后期随着业务的不断增加,会逐步加大 B 市数据中心的建设规模。

1.2 建设需求

M 公司希望将 B 市研发中心建设成公司核心研发中心之一,以后 B 市分公司也将成为公司主要的数据服务中心,要求分公司 IT 基础架构简约、合理,并具备可扩展性。初期建设不要太多的冗余性设计,满足当前基本需求即可,但是方案要具备无限扩展的可能性,不能存在因基础架构导致整体方案无法升级和扩容的问题。

B 市研发中心因为承接了部分涉密开发,因此在数据中心建设方面不考虑托管运营商机房或租赁公有云服务,计划在公司内部自建数据中心机房,因为软件开发行业特性,经常需要频繁部署和更新多种操作系统及软件开发环境,因此公司部分技术人员建议数据中心采用云计算解决方案,但是也存在另一种顾虑是担心云计算解决方案会极大限制应用硬件资源的使用,造成整体性能下降并导致生产力明显下降。同时云计算解决方案会导致数据高密度部署,数据的可靠性和安全性无法得到保障。

但是从别的途径了解到云计算解决方案目前在行业内的普及率较高,因此希望方案中能明确云计算解决方案在数据中心建设中的优势及缺陷,为公司的最终决策提供参考依据。

作为科技类公司,对于网络和数据的重视度极高,因此要求整体应用及网络安全可靠,网络可靠性方面,单次故障恢复时间不得超过一小时;数据方面保证少量硬件损坏不会导致数据丢失,应用和开发数据至少每日一次备份。

对于涉密项目要做到绝对的数据安全,尽可能做到涉密项目的网络物理隔离,如无法实现物理隔离,也应通过技术手段实现访问隔离。

对外业务服务器,根据实际需求要满足高并发、高负载、高可靠性的基本要求,同时还应具备一定的应对特殊高并发事件的能力。

第2部分

网络架构

网络架构是数字化解决方案中的重要组成部分,它支撑着各种应用和服务的正常运行。优秀的网络架构可以应对企业对于数字化技术变革的各种需求,而不合理的网络架构会让企业维护人员投入大量时间解决各种琐碎的小故障。

第 2 章

网络基础架构设计

通过对本章的学习,学生可以掌握关于企业网络基础架构的设计思路和标准,了解不同的网络拓扑结构的优缺点和对应的关键技术,为后期企业网络的不断升级扩展打下坚实的基础。

"新基建"政策的推出,强调了数字化、网络化、智能化等新兴技术的应用和发展。网络基础架构设计技能,可以服务"新基建"的建设,为数字化转型提供强大的技术支持。

2.1 建设需求

2.1.1 客户需求

网络基础架构是所有信息技术的根本,所有企业级应用及公司业务的交流都需要通过基础架构来进行承载,后期业务扩展也受限于基础架构的总体容量,其合理性直接决定着整个数字化解决方案后期的发展空间。

B市研发中心一期规划为300名员工,后期随着业务增长将会扩大规模,具体发展计划目前尚未确定,在基础架构设计中需要保证结构合理,为后期业务增长预留一定的扩展空间。

作为科技类公司,几乎所有业务交流都需要基于数字化方案完成,M公司计划在B市建设数据中心,90%的业务数据在B市本地进行交流和存储,因此其对内部网络性能和可靠性要求极高。

安全性方面,M公司自身对研发成果存在一定的保密需求,同时还承接部分保密级别较高的外包项目,此类项目中,客户要求基础设施物理隔离。

初步规划的需求如下。

(1)设立一个行政部门,非研发及市场部职员均在同一个办公区,该办公区不少于30台工作站。

(2)设立一个市场部门,该部门需要至少有40台工作站。

(3)建设一个数据中心机房,在机房内部署多项IT服务为员工提供公司应用系统服务,其中项目研发的测试及应用服务器均存放到数据中心机房。

(4) 部署三个普通项目室,每个项目室容纳不少于 40 台工作站。

(5) 部署两个大型会议室,九个小型会议室。

(6) 部署一个涉密项目室,容纳不少于 50 台工作站,保密级别为"机密"。

(7) 部署一个公共区域,设立 50 台高性能计算机,用于项目研发人员休息娱乐。

(8) 总部和分支机构采用一条专线进行连接。

2.1.2 需求分析

网络基础架构的设计一般取决于用户的网络规模,规模的判定取决于物理空间分布,如房间、部门、大楼、园区等。

根据用户描述分析,可以得出以下几点。

(1) 用户需要进行划分的空间包括:一个行政办公室、一个市场部办公室、一个公共区域、两个大型会议室、九个小型会议室、三个普通项目室、一个涉密项目室、一个数据中心机房等。

(2) 数据中心机房为本地和互联网用户提供服务,还需通过专线访问总部,因此数据中心务必保证高可靠性和高安全性,避免受到来自内外网的各种网络攻击。

(3) 行政部、市场部、其他办公室为独立部门,需要保证不同部门之间的独立性,另外考虑多个部门人数太多,在同一个局域网中可能会存在大量广播包,导致网络性能下降,因此不同部门之间需要一定的隔离。

(4) 娱乐区域的主要功能是娱乐,对业务要求并不高,这部分计算机的安全性并不能得到有力的保证,所以这部分计算机需要与办公网络尽量隔离,满足基本业务的情况下只需要保证访问互联网即可。

(5) 会议室有着大量的业务交流,因此其网络应该独立,避免被监听。

(6) 每一个项目室应该是独立的网络,只需要能访问数据中心即可,其他网络都不能访问项目室网络。

(7) 网络中所有终端数量不到 400 个,多个部门需要构建独立的局域网,同时还应保证各部门都可访问数据中心及互联网。

2.2 层级化网络模型

现代网络设计普遍采用了层级化网络模型。层级化网络模型将网络划分为三层,每一层都定义了特定的功能,通过各层功能的配合,可以构建一个功能完善的 IP 网,如图 2-1 所示。

(1) 接入层:提供丰富的端口,负责接入工作组用户,使用户获得网络服务。接入层还可以对用户实施接入控制策略。

(2) 汇聚层:通过大量的链路连接接入层设备,将接入层数据汇集起来。同时,这一层依据复杂控制策略对数据、信息等实施控制。其典型行为包括路由聚合和访问控制等。

(3) 核心层:网络的骨干层,主要负责对来自汇聚层的数据进行尽可能快速的交换。

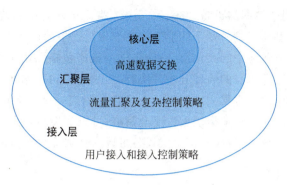

图 2-1　企业网层级化网络模型

理论上,即使目前最大规模的网络,其网络设计也不超过三个层次。小型或者中型网络设计可以根据情况合并某些层次的功能,将网络层次减少到一至二层。

2.2.1　接入层

接入层处于三层网络模型的最底层,负责接入终端用户。接入层为用户提供网络的访问接口,是整个网络的对外可见部分,也是用户与网络的连接场所。因此,接入层应具有种类丰富的大量端口,提供强大的接入能力。接入安全性也是一个必须考虑的因素。

一方面,如果接入层设备或链路出现故障,只会对设备接入的用户造成影响,影响范围较小;另一方面,接入层设备和连接数量相对较多,用户设备数量也比较多,不便于一一实现设备和链路冗余。因此,通常不考虑接入层设备和链路的冗余性。当然,如果接入层设备接入了重要用户或服务器,可以采用链路或设备冗余来提高可靠性。

另外,由于接入层是用户与网络的接入点,也是入侵者试图闯入的节点,因此可以在接入层实施安全接入控制策略,以保障网络的安全。例如,通过 802.1X 端口安全技术防止非法用户接入网络,或者采用包过滤技术过滤伪造源地址的数据包,阻止通过伪造地址方式实施的攻击。

接入层还可以实现对数据的分类和标记。接入层直接为用户提供多种多样的服务,在用户数据进入网络时,可以立即控制其流量,进行基于策略的分类,并给以适当的标记。这样网络中的其他设备就可以根据这些标记直接为这些数据提供适当的服务质量(quality of service,QoS)。

2.2.2　汇聚层

汇聚层处于三层网络模型的中间。汇聚层设备是大量接入层设备的集中点,负责汇集来自接入层的数据,并对数据和信息进行基于策略的控制。

汇聚层在位置上处于核心层与接入层的分界。面对大量来自接入层的链路,汇聚层将其数据汇聚在一起,通过少量的高速链路传递给核心层。这样可以减少昂贵的高端设备接口,提高网络转发效率。

如果不采用冗余设计,则某台汇聚层设备或某条汇聚层链路的失效将导致其下面连接的所有接入层设备用户无法访问网络。因此,汇聚层设备的可靠性较为重要。考虑到成本因素,汇聚层往往采用中端网络设备,并采用冗余链路连接核心层和接入层设备,提高网络可靠性。必要时也可以采用设备冗余的形式提高汇聚层设备的可靠性。

汇聚层还负责实现网络中的大量复杂策略,这些策略包括路由策略、安全策略、QoS策略等。通过在汇聚层进行适当的地址分配并实行路由聚合,可以减少核心层设备的路由数量,并以汇聚层为模块,对核心层实现网络拓扑变化的隔离。这不但可以提高转发速度,而且可以增强网络的稳定性。在汇聚层配置安全策略,可以实现高效部署和丰富的安全特性。基于接入层设备提供的数据包标记,汇聚层设备可以为数据提供丰富的QoS。

2.2.3 核心层

核心层处于网络的中心,负责对网络中的大量数据流量进行高速交换转发。网络中各部分之间互相访问的数据流都通过汇聚层设备汇集于核心层,核心层设备以尽可能高的速度对其进行转发。

核心层的性能会影响整个网络的性能,核心层设备或链路一旦发生故障,整个网络就有面临瘫痪的危险。因此,在选择核心层设备时,不仅要求其具有强大的数据交换能力,而且要求其具有很高的可靠性。通常应选择高端网络设备作为核心层设备。这不仅是因为高端网络设备的数据处理能力强,转发速率高,也是因为高端网络设备本身通常具有高可靠性设计。高端网络设备的主要组件通常都采用冗余设计,如采用互为主备的双处理板、双交换网板、双电源等,确保设备不易宕机。而核心层链路多采用高速局域网技术,确保较高的转发速率和效率。

为了确保核心网络的可靠性,可以对核心层设备和链路实现双冗余甚至多冗余,实现网状、环型或部分网状拓扑,即对核心层设备和链路都增加一个以上的备份。一旦主用设备或主用链路出现故障,立即切换到备用设备或备用链路,确保核心层的高可靠性。

由于网络策略对网络性能不可避免会产生影响,因此在核心层不能部署过多或过于复杂的策略。通常,核心层较少采用任何降低核心层设备处理能力或增加数据包交换延迟时间的配置,并尽量避免增加核心层路由器配置的复杂程度,核心层通常只根据汇聚层提供的信息进行数据转发。

核心层对于网络中每个目的地应具备充分的可达性。核心层设备应具有足够的路由信息来转发去往网络中任意目的的数据包。这一要求与加速转发的要求是互相矛盾的,因此应在汇聚层采用适当的路由聚合策略来减少核心层路由表的大小。

2.3 层级化网络模型的优点

(1) 网络结构清晰化:网络被分为具有明确功能和特性的三个层次,使原本复杂无序的网络结构显得更加清晰,易于理解和分析。

(2) 便于规划和维护:清晰的结构和明确的功能特性定义使网络的规划设计更加合理,管理维护更加方便。

(3) 增强网络稳定性:三个层次之间各有分工,彼此相对独立,网络变化和故障的影响范围可以降到最低,网络稳定性大大增强。

(4) 增强网络可扩展性：层级化网络模型使网络性能大大提高，功能分布更加合理，大大增强了网络的扩展能力。

当然，层级化网络模型只是个一般性的参考模型。在设计或部署具体的网络时，还必须依据用户的实际需求进行具体分析。例如，某组织的全部业务都非常关键，不允许长时间中断，这就要求在整个网络中所有可能的位置都实现冗余；若某公司的业务并不严格依赖于网络，可靠性要求不高，则整个网络中的所有环节可能都无须实现冗余。

2.4　层级化网络模型设计

局域网按场景大致可分为园区网（campus network）和数据中心网（data center network，DCN），两者在拓扑设计上有所不同。

在纵向层次结构上，园区网由于高密度、小流量的接入需求，接入、汇聚、核心的三层结构仍是主流。基于性能瓶颈和网络利用率等原因，传统的三层数据中心拓扑结构正在向 Fabric 网络（基于 Spine-Leaf 架构）方向发展，扁平化的二层结构更能满足一些大带宽、低延时场景的需求。

在分区结构上，传统数据中心的分区较为明显，如各种业务区、外联区、互联网区、办公网接入区等，但新型数据中心由于软件定义网络（software defined network，SDN）技术的应用正在弱化这种硬性分区的理念。园区网最重要的功能在于终端接入、认证等，没有数据中心那样复杂的业务场景，因此在功能分区上不是很明显。

2.4.1　三层结构

园区网通常采用核心层、汇聚层、接入层的三层结构，如图 2-2 所示。

（1）核心层：作为网络的核心部分，不仅要求实现高速的数据转发，而且要求性能高，容量大，具备高可靠性和高稳定性。通常核心层设备都有设备和链路的备份设计。

（2）汇聚层：需要支持丰富的功能和特性。汇聚层要隔离接入层的各种变化对核心层的冲击。路由汇聚、路由策略、NAT、ACL 等功能通常在汇聚层实现。网关一般部署在汇聚层，汇聚设备做智能弹性架构（intelligent resilient framework，IRF）或运行分布式弹性网络互联（distributed resilient network interconnect，DRNI），与核心三层互联运行动态路由协议。

（3）接入层：需要提供大量的接入端口以及各种接入端口类型，提供强大的各类业务类型接入。

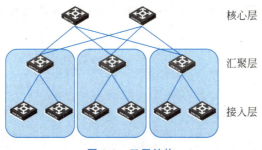

图 2-2　三层结构

2.4.2 二层结构

根据实际情况数据中心可以选择三层或者二层结构。选择二层结构将网关下沉到接入层，核心节点与边缘节点之间三层全连接。二层结构可以减少报文经过的节点数，有利于高性能计算业务的部署，而且二层结构更能与 SDN 完美结合。二层结构如图 2-3 所示。

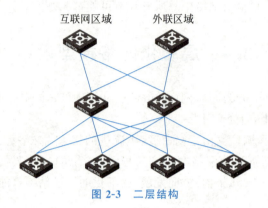

图 2-3 二层结构

2.5 实践任务

1. 实践目标

培养学生网络基础架构设计的能力，掌握网络基础架构的设计原则，了解不同需求的网络基础架构特性。

2. 实践内容

请根据自己的理解，设计该项目的网络基础架构，撰写基础架构设计方案，方案中应体现以下几点。

（1）介绍项目背景。

（2）描述用户需求。

（3）用户需求分析。

（4）方案设计原则。

（5）基础架构设计方案，包括网络拓扑结构设计和各节点的设备选型。

3. 拓展训练

分析网络基础架构设计不合理，会对将来的基础扩展造成什么影响。如何应对这些影响？

第 3 章

高可靠性网络建设

通过对本章的学习,学生可以掌握网络高可靠性设计的基本原理和方法,理解网络高可靠性的重要性和必要性。并且学习如何通过合理的网络架构设计、冗余备份及故障检测和恢复等手段来提高网络的可靠性。

随着信息化时代的到来,各个行业对网络的依赖程度越来越高。网络的中断或故障将严重影响人们的生产生活。网络高可靠性设计,对于支撑各行各业对网络安全和稳定的需求,保障国民经济的正常运行尤为重要。

3.1 建设需求

3.1.1 用户需求

B 市研发中心力求打造一个高水平、高效率的研发中心,全线业务流程管理都使用公司协同办公平台完成,全面实现无纸化办公,因此对网络的依赖性非常强,要求网络具备一定的可靠性。根据用户描述分析,B 市研发中心对网络的可靠性要求如下。

(1) 整体网络尽可能考虑冗余性设计,保证网络高性能的同时还应保证网络的可靠性,总体可靠性符合一般行业标准。

(2) 对于网络中单一硬件故障导致的网络不通,应尽可能实现自动化快速恢复,因为在 B 市分公司建设初期,其 IT 基础运维团队不会特别成熟,因此尽可能考虑自动化运维,避免分支机构 IT 运维人员有太多的维护动作。

(3) 公司大多数业务依赖于互联网访问,因此对于互联网的访问质量有非常高的要求。

3.1.2 需求分析

网络高可靠性一般有两种实现方式,一种是采用冗余链路的方式保证某些重要链路的可靠性,另一种是采用设备冗余的方式保证关键设备的可靠性。

根据用户描述分析,得出以下几点。

(1)用户提出整体网络尽可能考虑冗余性设计,既要保证高可靠性,还要保证高性能,因此,对关键链路可以采用"双活"的方式来设计。

(2)网络中避免单一硬件故障导致的网络不通,用户希望对关键设备采用一定的高可靠性方案,同时用户希望设备间的备份尽可能实现自动化运维,因此设备间一定需要运行某种协议,相互感知对方的状态,从而实施设备故障应对的动作。

(3)用户对于互联网的需求很高,因此必须尽可能地保证互联网的正常访问。从企业内部进行的保障措施,只能保证网关设备的正常运行,或者采用双互联网链路的方式进行,针对外部网络的可靠性,企业运维是无能为力的。

> **案例**
> 在2017年6月21日下午,光缆被挖断导致了交易系统网络通信异常,上交所、深交所及中金所三大交易中心发布公告称,部分证券公司客户向三家交易中心反映,其委托交易指令废单,造成客户损失,引发客户投诉。
>
> 据业内人士透露,由于当时市场行情比较火爆,很多投资者都通过网上交易的方式进行股票买卖,因此网络不稳定对市场的影响非常大。网络故障导致的交易指令废单,不仅给客户带来了经济损失,也给证券公司带来了声誉上的损失。
>
> 此后,中国证券业协会、中国证监会等监管部门也对此事进行了通报和调查。最终,相关责任方被追究责任,并采取措施加强网络安全管理,以避免类似事件再次发生。
>
> 这起事件提醒我们,金融行业的稳定性和安全性对于网络环境的依赖性很强,任何网络故障都可能对金融市场造成重大影响。因此,金融行业需要高度重视网络安全问题,采取有效的措施来保障网络的稳定性和安全性。

3.2 高可靠性技术

产品的可靠性是指产品在规定的条件下和规定的时间内完成规定功能的能力。对产品而言,可靠性越高就越好。产品的可靠性越高,产品可以无故障工作的时间就越长。

平均故障间隔时间(mean time between failure,MTBF)是指产品从一次故障到下一次故障的平均时间,是衡量一个产品的可靠性指标,单位为小时。

MTBF值的计算方法通用的权威性标准是MIL-HDBK-217、GJB/Z 299B和Bellcore,分别用于军工产品和民用产品。其中,MIL-HDBK-217由美国国防部可靠性分析中心及Rome实验室提出,并成为行业标准,专门用于军工产品MTBF值计算;GJB/Z 299B是我国军用标准。而Bellcore由AT&T Bel实验室提出,并成为商用电子产品MTBF值计算的行业标准,规定产品在总的使用阶段累计工作时间与故障次数的比值为MTBF。

平均修复时间(mean time to repair,MTTR)是指设备或系统从故障状态恢复到正常工作状态的平均时间。MTTR 是随机变量恢复时间的期望值,包括确认失效发生所必需的时间,以及维护所需要的时间。MTTR 也必须包含获得配件的时间,维修团队的响应时间,记录所有任务的时间,以及将设备重新投入使用的时间。

园区的高可靠性设计是一个综合的概念。在提高网络的冗余性的同时,还需要加强网络架构的优化,从而实现真正的高可用性。一般来说,设计一个高可用性的园区系统,主要关心三个方面:①链路的备份技术;②设备备份技术;③堆叠技术。

3.3 链路备份技术

园区系统的链路备份技术主要使用链路聚合、RRPP、Smart Link 三种技术。

分布式的聚合技术进一步消除了聚合设备单点失效的问题,提高了聚合链路的可用性。由于聚合成员可以位于系统的不同设备上,因此即使某些成员所在的整个设备出现故障,也不会导致聚合链路完全失效,其他正常工作的设备会继续管理和维护剩下的聚合端口的状态。这对于核心交换系统和要求高质量服务的网络环境意义重大。

城域网和企业网大多采用环网构建方式来提供高可靠性。环网采用的技术一般是弹性分组环(resilient packet ring,RPR)或以太网环。RPR 需要专用硬件,成本较高,而以太网环技术日趋成熟且成本低廉,因此城域网和企业网采用以太网环的趋势越来越明显。目前,解决二层网络中环路问题的技术有生成树协议(spanning tree protocol,STP)和快速环网保护协议(rapid ring protocol,RRPP)。STP 应用比较成熟,但收敛时间在秒级。RRPP 是专门应用于以太网环的链路层协议,具有比 STP 更快的收敛速度,并且 RRPP 的收敛时间与环网上节点数无关,可应用于网络直径较大的网络。

Smart Link 是一种针对双上行组网的解决方案,实现了高效可靠的链路冗余备份和故障后的快速收敛。

3.3.1 链路聚合技术

链路聚合是将多个物理以太网端口聚合在一起,形成一个逻辑上的聚合组,如图 3-1 所示,使用链路聚合服务的上层实体把同一聚合组内的多条物理链路视为一条逻辑链路。

图 3-1 链路聚合

链路聚合可以实现数据流量在聚合组中各个成员端口之间的分担,以增加带宽。同时,同一聚合组的各个成员端口之间彼此动态备份,提高了链路可靠性。

3.3.2 RRPP

RRPP 是一个专门应用于以太网环的链路层协议,如图 3-2 所示。在以太网环完整时,RRPP 能够防止数据环路引起的广播风暴,而当以太网环上一条链路断开时,RRPP 能迅速恢复环网上各个节点之间的通信链路,具备较高的收敛速度。

图 3-2 RRPP

3.3.3 Smart Link

为了能满足用户对链路快速收敛要求的同时又能简化配置,H3C 针对双上行组网提出了 Smart Link 解决方案,实现了主备链路的冗余备份,并在主用链路发生故障后使流量能够迅速切换到备用链路上,因此具备较高的收敛速度。Smart Link 如图 3-3 所示。

Smart Link 的主要特点如下。

(1)专用于双上行组网。

(2)收敛速度快,可达到亚秒级。

(3)配置简单,便于用户操作。

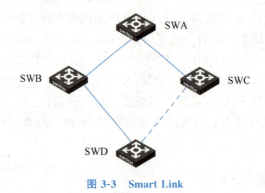

图 3-3 Smart Link

3.4 设备备份技术

园区系统出现的故障类型较多,风险也无法避免,设备故障是园区网中常见的故障。

对于设备故障的缓解,最简单的方式就是冗余设计。可以通过对设备自身、设备间提供备份,将故障对用户业务的影响降低到最小。

3.4.1 设备自身的备份技术

设备自身备份技术主要是指设备自身的冗余设计。

某些中高端交换机支持双主控板主备倒换技术。双主控板分为主用板和备用板,主用板承担正常业务,备用板处于热备状态。一旦主用板出现故障无法正常工作,备用板能够在很短时间内完成状态切换,同时尽可能地保证业务不发生中断。

中高端交换机的主控板、交换网板及电源系统等关键部件支持冗余热备份。交流/直流电源采用 $N+1$ 冗余热备份,保证系统正常运行;风扇系统采用 1∶1 热备份,并且能够根据温度自动调速。

H3C S7500E 系列高端多业务路由交换机如图 3-4 所示。

图 3-4　H3C S7500E 系列高端多业务路由交换机

3.4.2　设备间的备份技术

虚拟路由冗余协议(virtual router redundancy protocol,VRRP)是一种容错协议,它保证当主机的下一跳设备出现故障时,可以及时地由另一台设备来代替,从而保证通信的连续性和可靠性,如图 3-5 所示。

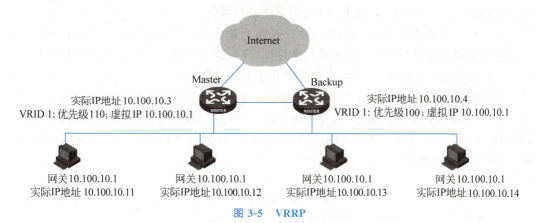

图 3-5　VRRP

一个 VRRP 组由一个主设备(Master)和若干个备份设备(Backup)组成,主设备实现真正的转发功能。当主设备出现故障时,备份设备成为新的主设备,接替它的工作。

3.5　堆　叠　技　术

智能弹性架构(intelligent resilient framework,IRF)是一种增强的堆叠技术,在高可靠性、冗余备份等方面进行了创新和增强,如图 3-6 所示。

IRF 堆叠可以允许全局范围内的跨设备链路聚合,提供了全面的链路级保护。同时 IRF 堆叠实现了跨设备的三层路由冗余,支持多种单播路由协议、组播路由协议的分布式处理,实现了多种路由协议的热备份技术。

IRF 堆叠实现了二层协议在 Fabric 网络内的分布式运行,提高了堆叠内设备的利用率

图 3-6 IRF 堆叠

和可靠性,减少了设备间协议的依赖关系。

IRF 堆叠中所有的单台设备称为成员设备。成员设备为分布式设备时,拥有多块主控板和多块接口板。

IRF 中采用的是 1∶N 冗余,即 Master 负责处理业务,Slave 作为 Master 的备份,随时与 Master 保持同步。当 Master 工作异常时,IRF 将选择其中一台 Slave 成为新的 Master。由于在堆叠系统运行过程中进行了严格的配置同步和数据同步,因此新 Master 能接替原 Master 继续管理和运营堆叠系统,不会对原有网络功能和业务造成影响,同时由于有多个 Slave 设备存在,因此 IRF 可以进一步提高系统的可靠性。

对于框式分布式设备的堆叠,IRF 并没有因为具有备份功能而放弃每个框式分布式成员设备的主用主控板和备用主控板的冗余保护,而是将各个成员设备的主用主控板和备用主控板作为主控板资源统一管理,进一步提高了系统可靠性。

在当前流行的网络设计方案中,有一种将链路聚合与堆叠技术结合使用的方案。如图 3-7 中,将核心设备进行聚合,然后将接入设备使用双上行方案进行连接,再将双链路进行聚合,这样会让一个复杂的网络结构逻辑上变成"单链路",提高了整体系统的可靠性之外,还简化了网络架构。

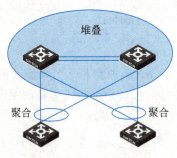

图 3-7 堆叠加聚合方案

3.6 实践任务

1. 实践目标

培养学生对高可靠性技术在复杂网络中的应用规划能力,使其掌握高可靠性技术的应用场景。

2. 实践内容

结合用户需求,对网络基础结构设计方案进行高可靠性优化,撰写网络高可靠性设计方案,方案中应体现以下几点。

(1) 对于关键链路的高可靠性设计方案及设计依据。

(2) 对于关键设备的高可靠性设计方案及设计依据,结合用户实际业务分析该方案的优缺点。

(3) 广域网高可靠性设计方案及设计依据。

使用实训设备或虚拟仿真平台完成基础网络搭建,并对设计方案进行验证。

3. 拓展训练

高可靠性技术的应用很大程度上可以保证网络的稳定运行,但是如果高可靠性技术本身出现问题,则其对网络的稳定性就失去了保护意义,因此对可靠性协议自身的维护,显得至关重要。

请问:在网络正常运行的情况下,作为运维管理人员在设备巡检时是否需要对高可靠性协议进行常规测试,为什么?

第 4 章

企业级路由规划方案

通过对本章的学习,学生可以掌握企业网络路由设计的基本原理和技术,理解路由规划在企业网络中的重要性和必要性,学习如何根据企业网络的需求和规模选择合适的路由协议、设备和技术,以实现网络的高效、可靠和安全。

工业 4.0 强调智能化制造和互联互通,因此对于网络的要求也非常高。学生需要具备解决复杂网络问题的能力,优化企业路由网络以提高生产效率和管理效率,为工业 4.0 和其他行业的发展提供支持。

4.1 建设需求

4.1.1 用户需求

在公司战略部署中,B 市分公司在未来将成为公司重要的一个研发和业务中心,其对网络的可管理性和可扩展性有一定的要求。

(1) 不同的办公区域采用不同的 IP 地址网段,并且保证网段内有一定的保留地址,方便后期业务扩展而增加设备。

(2) 管理网及中间设备节点的地址务必做到统一,方便后期管理。

(3) B 市分公司内部网络协议要能实现自动化,以减少本地人员的维护成本。

(4) 总部和 B 市分公司之间使用专线连接。

(5) 为保证互联网接入的稳定可靠,B 市分公司计划申请两条宽带,一条为中国电信 1Gbps 带宽,另一条为中国联通 500Mbps 带宽。

4.1.2 需求分析

企业网络路由的规划直接决定着后期网络性能和可扩展性,因此对于任何网络规划,合理的路由设计都至关重要,用户现阶段网络规划较为简单,但是在长远的战略规划中,B 市将作为一个重要的研发中心,其规模将数倍增长。

根据用户描述分析得出以下几点。

(1) 关于网络地址部分,用户希望办公区域按照部门区分不同网段,这部分设计除了考虑部门现有人数之外,还应考虑后期增长人数,并且还应该给固定设备预留一部分地址,如打印机、网关、文件服务等,一般建议保留全部地址的20%。

(2) 管理网中因为设备数量相对固定,因此可以考虑采用小段地址,如30位掩码的地址进行设备之间的连接,这样对于后期的路由优化具备一定的优势。

(3) 要实现自动化运维管理,可以通过动态协议来实现,总部和分部之间使用专线,应考虑如果专线不能传递协议报文,如何实现总部和分部之间的路由学习。

(4) 对于双上行链路存在两种方案,分别是链路备份和负载分担,应根据实际情况选择具体方案。

4.2 子网规划

子网规划是网络设计中非常重要的一部分,合理的规划子网将会使后期的整体网络优化变得轻松,相反,子网规划不合理将会导致后期网络扩展或者性能优化变得异常困难。

普通两级结构的IP地址由网络号(network-number)和主机号(host-number)组成。划分子网的方法是从主机号部分借用若干位作为子网号,剩余的位作为主机号。于是两级的IP地址就变为三级的IP地址,包括网络号、子网号和主机号。这样,拥有多个物理网络的机构可以将所属的物理网络划分为若干个子网。

子网划分属于本机构的内部事务。外部网络可以不必了解机构内由多少个子网组成,因为这个机构对外仍表现为一个没有划分子网的网络。从其他网络发送给本机构某个主机的数据,可以仍然根据原来的选路规则发送到本机构连接外部网络的路由器上。此路由器接收到IP数据包后,再按照网络号及子网号找到目的子网,将IP数据包发送给目的主机。路由器需要具备识别子网的能力。

将子网掩码和IP地址进行逐位逻辑与运算,就能得出该IP地址的子网地址,如图4-1所示。

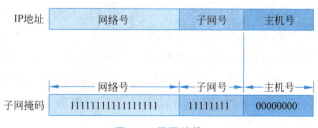

图 4-1 子网计算

所有的网络都必须有一个掩码(address mask)。如果一个网络没有划分子网,那么该网络使用默认掩码。

(1) A类地址的默认掩码为255.0.0.0。

（2）B类地址的默认掩码为255.255.0.0。

（3）C类地址的默认掩码为255.255.255.0。

将默认子网掩码和不划分子网的 IP 地址进行逐位逻辑与运算，就能得出该 IP 地址的网络地址。

4.2.1 计算子网地址

与普通掩码一样，通过子网掩码可以计算网络地址。将子网掩码和 IP 地址逐位进行逻辑与（AND）运算，计算的结果就是网络地址，在划分子网的情况下也称为子网地址。将子网地址的主机号全置位为1，即可得到该子网的广播地址，如图4-2所示。

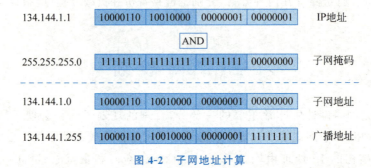

图 4-2 子网地址计算

4.2.2 IP 子网划分的常用计算

由于子网划分的出现，原本简单的 IP 地址规划和分配工作变得复杂起来。网络人员必须知道如何对网络进行子网划分，才能在满足网络应用需求的前提下，合理高效地利用 IP 地址资源进行网络规划。

1. 计算子网内可用主机地址数

计算子网内的可用主机数是子网划分计算中比较简单的一类问题，与计算 A、B、C 三类网络可用主机数的方法相同。

如果子网的主机号位数为 N，那么该子网中可用的主机数目为 2^N-2 个。减 2 是因为有两个主机地址不可用，即主机号为全为 0 和全 1。当主机号为全 0 时，表示该子网的网络地址；当主机号全为 1 时，表示该子网的广播地址。

要完成相关子网划分问题的计算，需要熟记 2 的 n 次幂的结果。因为计算过程中经常会进行二进制数与十进制数的相互转换，如果熟记这些结果，将大大提高计算的速度。一般熟记 2 的 1 到 10 次幂的结果，在大多数的计算问题中就足够用了。

2. 根据主机地址数划分子网

在子网划分计算中，有时需要根据每个子网内需要容纳的主机数量来划分子网。要想知道如何划分子网，就必须知道划分子网后的子网掩码，那么该问题就变成了求子网掩码。此类问题的计算方法总结如下。

（1）计算网络主机号的位数：假设每个子网需要划分出 Y 个 IP 地址，那么当 Y 满足公

式 $2^N > Y+2 > 2^{N-1}$ 时，N 就是主机号的位数。其中 $Y+2$ 是因为需要考虑主机号为全 0 和全 1 的情况。

（2）计算子网掩码的位数：计算出主机号位数 N 后，可得出子网掩码位数为 $32-N$。

（3）根据子网掩码的位数计算出子网号的位数 M，该子网就有 2^M 种划分方法，具体的子网地址也可以很容易计算出。

3. 根据子网掩码计算子网数

如果希望在一个网络中建立子网，就要在这个网络的默认掩码上增加若干位，形成子网掩码，这样就减少了用于主机地址的位数。加入掩码中的位数决定了可以配置的子网数。

假设子网号的二进制位数（即子网掩码比默认掩码的位数增加的位数）为 M，那么可分配的子网数量为 2^M 个。

由此可见，对于特定网络来说，若使用位数较少的子网号，则获得的子网较少，而每个子网中可容纳的主机较多；反之，若使用位数较多的子网号，则获得的子网较多，而子网中可容纳的主机较少。因此可以根据网络中需要划分的子网数及每个子网中需要配置的主机数来选择合适的子网掩码。

划分子网增加了灵活性，但却降低了 IP 地址的利用率，因为划分子网后主机号为全 0 或全 1 的 IP 地址不能分配给主机使用。

注意：在 RFC950 规定的早期子网划分标准中，子网号不能为全 0 和全 1，所以子网数量应该为 2^M-2 个。但是在后期的 RFC1812 中，这个限制已经被取消了。如无明确说明，在后续有关子网划分的计算中，都认为子网号可以为全 0 和全 1。

4. 根据子网数划分子网

子网划分计算中，有时我们要在已知需要划分子网数量的前提下，来划分子网。当然，这类划分子网问题的前提是每个子网需要包括尽可能多的主机，否则该子网划分就没有意义了。因为，如果不要求子网包括尽可能多的主机，那么子网号位数可以随意划分成很大，而不是最小的子网号位数，这样就浪费了大量的主机地址。

例如，将一个 C 类网络 192.168.0.0 划分成 4 个子网，那么子网号位数应该为 2，子网掩码为 255.255.255.192。如果不需要使子网包括尽可能多的主机，则子网号位数可以随意划分成大于 2、3、4、5，这样主机号位数就变成 5、4、3，可用主机地址就大大减少了。

同样，划分子网就必须知道划分子网后的子网掩码，需要计算子网掩码。此类问题的计算方法总结如下。

（1）计算子网号的位数。假设需要划分 X 个子网，每个子网包括尽可能多的主机地址。那么当 X 满足公式 $2^M \geqslant X \geqslant 2^{M-1}$ 时，M 就是子网号的位数。

（2）由子网号位数计算出子网掩码，划分出子网。

5. 可变长子网掩码

虽然对网络进行子网划分的方法可以对 IP 地址结构进行有价值的扩充，但是仍然受到一个基本的限制——整个网络只能有一个子网掩码。不论用户选择哪个子网掩码，都意味着各个子网内的主机数完全相等。但是在现实世界中，不同的组织对子网的要求是不一样的，希望一个组织把网络分成相同大小的子网是很不现实的。当整个网络中一致地使用同一掩码时,在许多情况下会浪费大量主机地址。

针对这个问题,IETF 发布了标准文档 RFC1009。该文档规范了如何使用多个子网掩码划分子网。该标准规定,同一 IP 网络可以划分为多个子网并且每个子网可以有不同的大小。相对于原来的固定长度子网掩码技术,该技术称为可变长子网掩码(variable length subnet mask,VLSM)。

VLSM 使网络管理员能够按子网的具体需要定制子网掩码,从而使一个组织的 IP 地址空间能够被更有效地利用。

6. 无类域间路由

通过定长子网划分或可变长度子网划分的方法,在一定程度上解决了 Internet 在发展中遇到的困难。然而到 1992 年,Internet 仍然面临三个必须尽早解决的问题。

(1) B 类地址在 1992 年已经分配了将近一半,预计到 1994 年 3 月将全部分配完毕。

(2) Internet 主干网路由表中的路由条目数急剧增长,从几千个增加到几万个。

(3) IPv4 地址即将耗尽。

当时预计前两个问题将在 1994 年变得非常严重,因此 IETF 很快就研究出无分类编址的方法来解决前两个问题;而第三个问题由 IETF 的 IPV6 工作组负责研究。无分类编址是在 VLSM 基础上研究出来的,它的正式名字是无类域间路由(classless inter-domain routing,CIDR)。CIDR 在 RFC1517、RFC1518、RFC1519 及 RFC1520 中进行定义,现在 CIDR 已经成为 Internet 的标准协议。

CIDR 不再使用"子网地址"或"网络地址"的概念,转而使用"网络前缀"(network-prefix)这个概念。与只能使用 8 位、16 位、24 位长度的自然分类网络号不同,网络前缀可以有各种长度,前缀长度由其相应的掩码标识。

CIDR 前缀既可以是一个自然分类网络地址,也可以是一个子网地址,也可以是由多个自然分类网络聚合而成的"超网"地址。所谓超网就是利用较短的网络前缀将多个使用较长网络前缀的小网络聚合为一个或多个较大的网络。例如,某机构拥有 2 个 C 类网络 200.1.2.0 和 200.1.3.0,需要在一个网络内部署 500 台主机,那么可以通过 CIDR 的超网化将这 2 个 C 类网络聚合为一个更大的超网 200.1.2.0,掩码为 255.255.254.0。

CIDR 可以将具有相同网络前缀的连续的 IP 地址组成 CIDR 地址块。一个 CIDR 地址块使用地址块的起始地址(前缀)和起始地址的长度(掩码)来定义。例如,某机构拥有 256 个 C 类网络,即 200.1.0.0、200.1.1.0……200.1.255.0,那么可以将这些地址合并为一个 B 类大小的 CIDR 地址块,其前缀为 200.1.0.0,掩码为 255.255.0.0。

因为一个 CIDR 地址块可以表示很多个网络地址,所以支持 CIDR 的路由器可以利用 CIDR 地址块来查找目的网络,这种地址的聚合称为"强化地址汇聚",它使 Internet 的路由条目数大量减少。路由聚合减少了路由器之间路由选择信息的交互,从而提高了整个 Internet 的性能。

7. 无线域间路由斜线表示法

CIDR 使用斜线表示法(slash notation)表示一个网络,又称 CIDR 记法。即在 IP 地址后面加上一个斜线"/",然后写上网络前缀所占的位数,这个数值也就是子网掩码中为 1 的位数。这种表示方法也应用于子网掩码的表示。

例如，192.168.1.1/27 表示在 32 位的 IP 地址中，前 27 位表示网络前缀，后面的 5 位表示主机号。

4.3 企业级路由规划

一个典型的大规模网络，根据功能可划分为接入层、汇聚层、核心层三层，如图 4-3 所示。各层对路由的要求有所不同，推荐使用的路由协议也有所不同。

- 核心层：OSPF、IS-IS、BGP
- 汇聚层：OSPF、IS-IS
- 接入层：RIP-2、静态路由
- WAN连接：BGP、静态路由

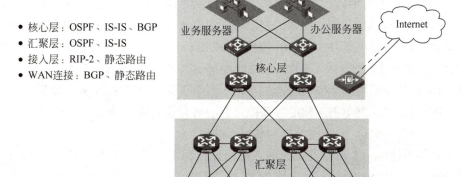

图 4-3 大规模网络路由

1. 网络分层功能介绍

（1）核心层。

核心层是网络的骨干，提供高速数据转发和路由快速收敛，具有较高的可靠性、稳定性和可扩展性等要求。所以，通常核心层采用收敛速度快、扩展性好的路由协议，如开放最短通路优先协议（open shortest path first，OSPF）、IS-IS 等。如果网络规模很大，比如在网络业务提供商（internet service provider，ISP）网络，为了便于实现路由控制，确保高速路由转发，也会采用 BGP 协议作为核心层协议。

（2）汇聚层。

汇聚层负责汇聚来自接入层的流量并执行复杂策略，可实现的路由功能包括路由聚合、路由策略、负载均衡及快速收敛等。所以，在路由层面上，汇聚层通常采用收敛速度快、支持路由聚合、支持负载分担及易于实施路由策略的路由协议，如 OSPF、IS-IS 等。

（3）接入层。

接入层提供网络的用户接入功能，所以通常接入层采用配置简单、占用系统资源少的路由协议，如 RIPv2、静态路由等。也可以采用 OSPF 的 Stub 区域或 IS-IS 的 Level-1 区域，以减少区域中路由数量，并降低接入层路由变化对汇聚层的影响。

大规模路由网络通常使用 BGP 或静态路由协议接入 Internet。使用 BGP 可以更好地控制路由的发布与接收；使用静态路由可以节省网络开销。

并不是所有的路由网络都必须划分为三层。层次越多，网络拓扑也就越复杂，所使用的协议可能会越多，从而增加配置与维护的难度。在设备能力允许的情况下，也可将网络划分为两层，将接入层的功能集成在汇聚层中。因为 OSPF、IS-IS 协议支持两层划分，与两层网络契合，可以简化部署与配置。

2. 网络对路由的可靠性需求

在其发展初期，网络对可靠性的要求并不是很高。伴随着规模的扩大和业务的发展，越来越多的业务需要依靠 IP 网络来进行，对网络的可靠性需求越来越突出。

在大规模路由网络中，所有的数据流量都经过核心层和汇聚层转发，所以对可靠性要求特别高。因此在设备层面，核心层和汇聚层通常都采取双设备配置，为下层设备提供双归属的上行链路，而在协议层面，核心层和汇聚层都采用动态路由协议，如 OSPF、IS-IS，利用路由协议自动发现冗余的下一跳，并在故障发生时能够自动切换。

同时，汇聚层还承担故障隔离功能。当接入层路由发生故障时，汇聚层使路由变化尽可能少地扩散到核心层，避免引起核心层路由动荡。可以通过在汇聚层进行适当的路由协议区域划分，配合路由聚合，来隔离接入层的路由故障。

如果网络只通过一个出口设备的两条链路连接到 ISP，则可以使用浮动静态路由。通过调整静态路由的优先级，使一条链路为主，另一条链路为备，或者二者互为备份。

如果网络通过多个出口设备连接到 ISP，则使用 BGP 是较好的选择。BGP 可以动态学习到 ISP 发布的路由，并且能够实现出口选择策略和多出口互相备份。

3. 网络对路由的可扩展性需求

（1）站点与设备的增长不会导致路由增长不可控。

在划分 IP 地址时采用 VLSM 技术，全网统一管理 IP 地址资源，按需将 IP 地址分配给不同站点，并尽量做到地址块连续和可聚合。在每一层连接下一层的设备上，采用路由聚合技术，将下一层具体路由聚合成地址范围大的路由，从而减少核心设备上的路由数量，使站点数量的增长不会引起核心设备路由的爆炸增长。

（2）网络的各层之间相对独立，某层内拓扑变化尽量不影响另一层。

使用分层架构的路由协议（如 OSPF、IS-IS），并在设计上将协议的区域与网络层次结合起来，从而使某一区域（网络层次）中网络拓扑的变化尽可能不传到另一层中。

（3）路由度量值能够适应网络规模与链路带宽的增长。

RIP 路由协议只能度量 15 跳的网络，且度量值以跳数为标准，不能正确反映网络中的链路带宽。而 OSPF 与 IS-IS 以路径开销（Cost）为度量，开销基于链路带宽计算，不但更加合理，而且能够度量更大规模的网络。

4. 路由的客观理性需求

随着网络技术与通信技术的融合，IP 网络平台上可以实现电话、传真、音视频会议、办公协作等众多应用服务的统一。同时，通过开放应用接口，网络可实现与企业应用、办公系统及生产系统的融合，形成一个全 IP 的统一通信平台。在这个通信平台上，如何合理利用网络资源，满足各种应用需求就显得尤为重要了。

路由的可管理性可通过以下技术来实现。

(1) 通过调整路由开销、路由属性和优先级影响协议的选路。各路由协议都能够进行开销的手工调整,BGP 协议还有丰富的路由属性(如本地优先级、MED 值)可以调整。

(2) 通过路由过滤、路由策略及 MPLSPN 等技术控制路由的学习和传播范围。

(3) PBR(Policy-Based Routing,基于策略的路由)控制 IP 报文的定向转发。

5. 路由快速恢复需求

IP 电话、视频会议等实时业务对 IP 承载网的服务质量要求较高。一方面,它们要求网络传输的时延要小,以满足业务的实时要求;另一方面,它们要求网络发生故障时,能够快速侦测并避开故障点。

在大规模网络中,路由变化的传播距离远,收敛速度慢。为加快收敛速度,减少对实时业务的影响,可以使用以下技术。

(1) 邻居失效快速侦测技术:路由协议都有邻居失效侦测机制,通常是用定时器来探测邻居失效。但定时器的默认时间较长,邻居失效要用很长时间才能感知。通过适当调整定时器,如在 OSPF 中缩短 Hello 时间,可以更快地探测到邻居失效。独立于路由协议之外的邻居检测技术,如双向转发检测(BFD),可以为各上层协议(如路由协议、MPLS 等)统一快速检测两台路由器间双向转发路径的故障。通过使用 BFD 与上层协议联动,可以使路由协议探测邻居失效的时间缩短到毫秒级。

(2) 路由快速收敛技术:不同的路由协议有不同的收敛速度,取决于路由算法和路由器的资源。通过采用一些机制,如在 IS-IS 协议中采用增量路由计算(I-SPF)、部分路由计算(PRC)、LSP 快速扩散等机制,可以极大加快链路状态型路由协议的收敛速度。

(3) IP 快速重路由技术:在网络发生故障后,通常需要等待一定时间,待路由收敛后才能进行数据转发。通过使用 LFA、MPLS 等快速重路由技术,能够使路由器在路由未收敛前,使用预先设定的备份下一跳替换失效下一跳,通过备份下一跳来指导报文的转发,从而大大缩短了流量中断时间。

4.4 路由技术及特性

4.4.1 直连路由

直连路由是指路由器接口直接相连的网段的路由。直连路由不需要特别的配置,只需要在路由器的接口上配置 IP 地址即可。但路由器会根据接口的状态决定是否使用此路由。如果接口的物理层和链路层状态均为 Up,路由器即认为接口工作正常,该接口所属网段的路由即可生效,并以直连路由出现在路由表中。如果接口状态为 Down,路由器认为接口工作不正常,不能通过该接口到达其地址所属网段,也就不能以直连路由出现在路由表中。

如图 4-4 所示,路由器 RTA 的三个以太口分别连接三个局域网段,只需在 RTA 上为其三个以太口配置 IP 地址,即可为 10.1.1.0/24、10.1.2.024 和 10.1.3.0/24 网段提供路由服务。

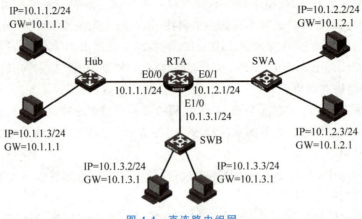

图 4-4 直连路由组网

4.4.2 静态路由

由管理员手工配置而成的路由称为静态路由。静态路由无开销,配置简单,适合简单拓扑结构的网络。静态路由的缺点是无法自动根据网络拓扑变化而改变。当一个网络故障发生后,静态路由不会自动修正,必须有管理员的介入。

恰当地配置和使用静态路由可以改进网络的性能,并可以为重要的网络应用保证带宽。同时,在路由器上合理配置默认路由能够减少路由表中表项数量,节省路由表空间,加快路由匹配速度。

如图 4-5 所示,可以在 RTA 和 RTD 上配置默认静态路由,而在 RTB 和 RTC 上配置静态路由。

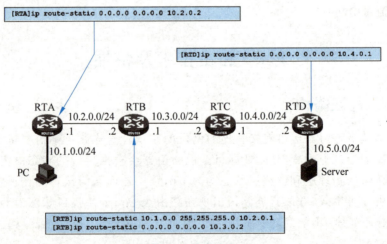

图 4-5 静态路由

注意:配置静态路由时,要注意双向配置,避免出现单程路由。因为几乎所有的 Internet 应用协议如 HTTP、FTP 等都是双向传输,所以单程路由对用户的业务是没有意义的。

4.4.3 动态路由协议

动态路由协议自动发现和维护的路由称为动态路由。动态路由的优点是无须人工配置具体路由表项,而由路由协议自动发现和计算。当网络拓扑结构复杂时,使用动态路由协议可减少管理员的配置工作,并且减少配置错误。另外,动态路由协议支持路由备份,如果原有链路故障导致路由表项失效,路由协议可以自动计算和使用另外的路径,无须人工维护。但是系统启用动态路由协议之后,系统之间交互协议报文,会占用一部分链路开销,并且动态路由协议配置复杂,需要管理员掌握一定的路由协议知识。

各类路由协议各有优缺点,可以根据网络结构和实际需求来选择。

如果网络拓扑是星型,各节点之间没有冗余链路,则可以使用静态路由;如果网络中有冗余链路,如全互联或环型拓扑,则可以使用动态路由,以增强路由可靠性。

如果网络是分层的,则通常在接入层使用静态路由,以降低设备资源的消耗,并在汇聚层或核心层使用动态路由,以增加可靠性。

根据作用的范围,路由协议可分为以下两类。

(1) 内部网关协议(interior gateway protocol,IGP):在一个自治系统内部运行,常见的IGP 包括 RIP、OSPF 和 IS-IS。

(2) 外部网关协议(exterior gateway protocol,EGP):运行于不同自治系统之间,BGP是目前最常用的 EGP。

根据使用的算法,路由协议可分为以下两类。

(1) 距离矢量路由协议(distance-vector):包括 RIP 和 BGP。其中,BGP 又称路径矢量协议(path-vector)。

(2) 链路状态路由协议(link-state):包括 OSPF 和 IS-IS。

以上两种算法的主要区别在于发现和计算路由的方法不同。

各种动态路由协议共同的目的是计算与维护路由。通常,各种动态路由协议的工作过程大致相同,都包含以下几个阶段。

(1) 邻居发现:运行了某种路由协议的路由器通过发送广播报文或发送给指定的路由器邻居,主动把自己介绍给网段内的其他路由器。

(2) 交换路由信息:发现邻居后,每台路由器将自己已知的路由相关信息发给相邻路由器,相邻路由器又发送给下一台路由器。这样经过一段时间,每台路由器最终都会收到网络中所有的路由信息。

(3) 计算路由:每台路由器都会运行某种算法,计算出最终的路由(实际上需要计算的是该条路由的下一跳和度量值)。

(4) 维护路由:为了能够观察到路由器突然失效(路由器本身故障或连接线路中断)等异常情况,路由协议规定两台路由器之间的协议报文应该周期性地发送。如果路由器有一段时间收不到邻居发来的协议报文,则认为邻居失效了。

各个路由协议工作原理大体类似,但在实现细节上会有所不同。具体如下。

1. 距离矢量路由协议

距离矢量路由协议通常不维护邻居信息。在开始阶段,采用此路由协议的路由器以广播或组播方式发送协议报文,请求邻居的路由信息。邻居路由器回应的协议报文中携带全部路由表,这样就完成路由表的初始化过程。

为了维护路由信息,路由器以一定的时间间隔向相邻的路由器发送路由更新,路由更新中携带本路由器的全部路由表。系统为路由表中的表项设定超时时间,如果超过一定时间接收不到路由更新,则系统认为原有的路由失效,会将其从路由表中删除。

距离矢量路由协议以本地到目的地的距离(跳数)为度量值,距离越大,路由越差。采用跳数作为度量值并不能完全反映链路带宽的实际状况,有时会导致协议选择了次优路径。

当网络拓扑发生变化时,距离矢量路由协议首先向邻居通告路由更新。邻居路由器根据收到的路由信息来更新自己的路由表,然后再继续向外发送更新后的路由信息。这样,拓扑变化的信息会以逐跳的方式扩散到整个网络。

距离矢量路由协议基于贝尔曼-福特算法,又称 D-V 算法。这种算法的特点是计算路由时只考虑到目的网段的距离和方向。系统从邻居接收到路由更新信息后,将路由更新的路由表项加入到自己的路由表中,其度量值在原来基础上加 1,表示经过了 1 跳,并将路由表项的下一跳设置为邻居路由器的地址,表示是经过邻居路由器学到的。距离矢量路由协议完全信任邻居路由器,它并不知道整个网络的拓扑环境,这样在环型拓扑网络中可能会产生路由环路。所以采用 D-V 算法的路由器采用了一些避免环路的机制,如水平分割、路由毒化及毒性逆转等。

RIP 是一种典型的距离矢量路由协议。它的优点是配置简单,算法占用较少的内存和 CPU 处理时间。它的缺点是算法本身不能完全避免路由自环,收敛相对较慢,周期性广播路由更新信息占用网络带宽较大,扩展性较差,最大跳数不能超过 16 跳。

2. 链路状态路由协议

链路状态路由协议基于 Diikstra 算法,又称最短路径优先算法。

在开始阶段,采用这种算法的路由器以组播方式发送 Hello 报文,来发现邻居。收到 Hello 报文的邻居路由器会检查报文中所定义的参数,如果双方一致就会形成邻居关系。有路由信息交换需求的邻居路由器会形成邻接关系,进而可以交换链路状态通告(link state advertisement,LSA)。

链路状态路由协议用 LSA 来描述路由器周边的网络拓扑和链路状态。邻接关系建立后路由器会将自己的 LSA 发送给区域内的所有邻接路由器,同时也从邻接路由器接收 LSA。每台路由器都会收集其他路由器通告的 LSA,所有的 LSA 放在一起便组成了链路状态数据库(link state database,LSDB)。LSDB 是对整个自治系统网络拓扑结构的描述。

路由器将 LSDB 转换成一张带权的有向图,这张图便是对整个网络拓扑结构的真实反映。各个路由器得到的有向图是完全相同的。每台路由器根据有向图,使用最短路径优先算法计算出一棵以自己为根的最短路径树,这棵树给出了到自治系统中各节点的路由。

链路状态路由协议以到目的地的开销作为度量值。路由器根据该接口的带宽自动计算到达邻居的权值,带宽与权值成反比,带宽越高,权值越小,表示到邻居的路径越优。在使用最短路径优先算法计算最短路径树时,将自己到各节点的路径上权值相加,也就计算出了到达各节点的开销,将此开销作为路由度量值。

当网络拓扑发生变化时,路由器并不发送路由表,而只是发送含有链路变化信息的 LSA。LSA 在区域内扩散,所有路由器都会收到,然后更新自己的 LSDB,再运行 SPF 算法重新计算路由。这样的好处是带宽占用小,路由收敛速度快。

因为采用链路状态路由协议的路由器知道整个网络的拓扑,并且采用SPF算法,所以从根本上避免了路由环路的产生。

OSPF和IS-IS是链路状态路由协议。它们能够完全避免协议内的路由自环,并且采用增量更新方式来通告变化的LSA,占用带宽少。OSPF和IS-IS采用路由分组和区域划分等机制,所以能够支持大规模的网络,且扩展性较好。但相对RIP,OSPF和IS-IS的配置更复杂些。

3. 路径矢量路由协议

路径矢量路由协议结合了距离矢量路由协议和链路状态路由协议的优点。路径矢量路由协议采用单播方式与相邻路由器建立邻居关系。邻居关系建立后,根据预先配置的策略,路由器将全部或部分带有路由属性的路由表发送给邻居。邻居收到路由表后,根据预先配置的策略将全部或部分路由信息加入到自己的路由表中。

当路由信息发生变化时,路径矢量路由协议只发送增量路由给邻居,减少带宽的消耗。邻居关系以单播方式,通过TCP三方握手形式建立,并且在建立后定时交换Keepalive报文,以维持邻居关系正常。如果邻居断开,则相关路由失效。

路径矢量路由协议采用丰富的路由属性作为路由度量值。路由属性包括路由的起源、到目的地的距离、本地优先级、MED值等,这些路由属性都可根据网络实际情况由管理员手动进行修改。

在拓扑发生变化时,路径矢量路由协议仅将变化的路由信息发送给邻居路由器,以逐跳的方式在全网络内扩散。由于采用触发更新机制,变化的路由能够很快通知到整个网络。

BGP是路径矢量路由协议的一种。它采用一些方法能够防止路由环路。BGP把AS间传递的路由都记录了经过的AS号码,这样路由器接收到路由时可以据此查看此条路由是不是自己发出的。在AS内,BGP规定路由器不能把从邻居学到的路由再返回给邻居。

BGP通过与邻居路由器建立对等体来交换路由信息,并采用增量更新机制来发送路由更新,只有当路由表变化时才发送路由更新信息,节省了相邻路由器之间的链路带宽。

4.4.4 路由特性

1. 路由选路原则

每个路由协议都维护了自己的路由表,称为协议路由表。协议路由表中只记录了本路由协议学习和计算的路由。

大多数路由协议都支持多进程。各个协议进程之间互不影响,相互独立。各个进程之间的交互相当于不同路由协议之间的路由交互。

各个路由协议的各个进程独立维护自己的路由表,然后统一汇总到IP路由表中。IP路由表首先选择路由协议优先级高的路由使用。如果协议优先级相同,则再选择度量值最优的路由,作为IP路由表的有效(active)路由,指导IP报文转发。其余的路由作为备份,如果有效路由失效,再进行重新选择。

路由度量值只在同一种路由协议内有比较意义,不同的路由协议之间的路由度量值没有可比性,也不存在换算关系。

对于相同的目的地,不同的路由协议(包括静态路由)可能会发现不同的路由,但这些路由并不都是最优的。事实上,在某一时刻,到某一目的地的当前路由仅能由唯一的路由协议来决定。为了判断最优路由,各路由协议(包括静态路由)都被赋予了一个优先级,当存在多个路由信息源时,具有较高优先级的路由协议发现的路由将成为当前路由。各类路由协议及其发现路由的默认优先级如表 4-1 所示。

表 4-1 各类路由协议的默认优先级

路由协议或路由种类	相应的路由优先级
DIRECT	0
OSPF	10
IS-IS	15
STATIC	60
RIP	100
OSPF ASE	150
EBGP	255

其中,0 表示直接连接的路由,256 表示任何来自不可信源端的路由。数值越小表明优先级越高。除直连路由(DIRECT)外,各种路由的优先级都可由用户手工进行配置。另外,每条静态路由的优先级都可以不相同。

2. 路由协议特点

目前常用的路由协议包括 RIP-1/2、OSPF、IS-IS、BGP 等。本节对其协议特点进行全面的比较。路由协议可靠性及安全性比较如表 4-2 所示。其他特性比较如表 4-3 所示。

表 4-2 路由协议可靠性及安全性比较

协 议	协议端口	可 靠 性	安全性(是否支持验证)
RIP-1	UDP 520	低	否
RIP-2	UDP 520	低	是
OSPF	IP 89	高	是
IS-IS	基于链路层协议	高	是
BGP	TCP 179	高	是

RIP 是最早的路由协议,其设计思想是为小型网络中提供简单易用的动态路由,其算法简单,对 CPU 和内存资源要求低。RIP 采用广播(RIP-1)或组播(RIP-2)方式在邻居间传送协议报文,传输层采用 UDP 封装,端口号是 520。由于 UDP 是不可靠的传输层协议,因此,RIP 设计成为周期性地广播全部路由表,如果邻居超过 3 次无法收到路由更新,则认为路由失效。RIP-1 不支持验证,其安全性较低;RIP-2 对其进行了改进,能够支持验证,提高了安全性。

表 4-3 其他特性比较

特　　性	RIP-1	RIP-2	OSPF	IS-IS	BGP
距离矢量算法	是	是	否	否	是
链路状态算法	否	否	是	是	否
支持 VLSM	否	是	是	是	是
支持手工聚合	否	是	是	是	是
支持自动聚合	是	是	否	否	是
支持五类别	否	是	是	是	是
收敛速度	慢	慢	快	快	慢
度量值	跳数	跳数	开销	开销	路径属性

　　OSPF 是目前应用最广泛的 IGP。OSPF 设计思想是为大中型网络提供分层次的、可划分区域的路由协议。其算法复杂，但能够保证无域内环路。OSPF 采用 IP 来进行承载，所有的协议报文都由 IP 封装后进行传输，端口号是 89。IP 是网络层协议，本身是不可靠的，所以为了保证协议报文传输的可靠性，OSPF 采用了确认机制。在邻居发现阶段，交互 LSA 的阶段，OSPF 都采用确认机制来保证传输可靠。OSPF 支持验证，使 OSPF 的安全性得到了保证。

　　IS-IS 是另外一种链路状态路由协议，同样采用 SPF 算法，支持路由分组管理与划分区域，同样可应用在大中型网络中，可扩展性好。与 OSPF 不同的是，IS-IS 的运行直接基于链路层，其所有协议报文通过链路层协议来承载。所以 IS-IS 也可以运行在无 IP 的网络中，如 OSI 网络中。为了保证协议报文传输的可靠性，IS-IS 同样设计了确认机制来保证协议报文在传输过程中没有丢失。IS-IS 也支持验证，安全性得到了保证。

　　BGP 是唯一的 EGP。与其他协议不同，BGP 采用 TCP 来保证协议传输的可靠性，TCP 端口号是 179。TCP 本身有三方握手的确认机制，运行 BGP 的路由器首先建立可靠的 TCP 连接，然后通过 TCP 连接来交互 BGP 报文。这样，BGP 不需要自己设计可靠传输机制，降低了协议报文的复杂度和开销。另外，BGP 的安全性也可以由 TCP 来保证，TCP 支持验证功能，通过验证的双方才能够建立 TCP 连接。

　　BGP 自己不学习路由，它的路由来源于 IGP 路由，如 OSPF 等。管理员手工指定哪些 IGP 路由能够导入 BGP 中，并手工指定 BGP 能够与哪些邻居建立对等体关系，从而交换路由信息。

　　RIP 与 BGP 协议属于距离矢量路由协议，其中 BGP 又属于路径矢量路由协议。由于 RIP-1 是早期的路由协议，所以其不支持无类别（classless）路由，只能支持按类自动聚合，不支持 VLSM，所以其应用有一定限制。

　　除 RIP-1 外，其他路由协议都能够支持 VLSM 和手工聚合，这样能够对网络进行很细致的子网划分和汇聚，从而节省 IP 地址，减少路由表数量。

　　由于 RIP 和 BGP 协议的路由更新需要以逐跳的方式进行传播，因此路由收敛速度慢。而链路状态路由协议采用 SPF 算法，根据自己的 LSDB 进行路由计算，所以收敛速度快。

　　RIP 使用跳数作为度量值，而 OSPF 和 IS-IS 使用开销作为度量值。BGP 的度量值较为复杂，它包含了多个属性，并且可以手工修改属性值以控制路由。

4.5 实践任务

1. 实践目标

培养学生对网络地址及协议的规划能力,使其掌握网络地址规划的基本原则和网络协议的设计原则,熟悉多种网络协议的特性及其应用场景。

2. 实践内容

对方案进行路由方面的设计,并撰写设计方案,在设计方案中需要体现如下内容。

(1) 全网的 IP 地址规划,以表格形式体现,并阐明设计依据,以及如何应对后期网络扩展和优化。

(2) 路由设计方案,包含选择何种协议,选择依据,此方案针对网络链路单点故障如何实现自动化网络收敛,以及该故障是否会影响用户现有业务的运行。

(3) 与分支机构之间的路由交换方案。

(4) 广域网接入的路由方式。

使用实训设备或虚拟仿真平台完成基础网络搭建,并对设计方案进行验证。

3. 拓展训练

RIP 因为无法适用于大规模网络,因此现在行业中普遍选择 OSPF 作为动态路由协议。请问:OSPF 在大规模网络中存在什么问题,如何解决这些问题?

第 5 章

网络业务隔离方案

通过本章的学习,可以掌握网络业务隔离的基本原理和技术,理解了业务隔离在网络安全性中的重要性和必要性,并学习如何设计和实施有效的网络业务隔离方案,以实现网络资源的合理分配和保护。

习近平总书记指出"没有网络安全就没有国家安全"。伴随着信息化和数字化的加速推进,各个行业对网络资源的需求越来越高,网络安全问题也日益突出。网络业务隔离,可以满足各行各业对网络安全的需求,保障网络资源的合理分配和保护。

5.1 建设需求

5.1.1 用户需求

为保证 B 市分公司的整体的安全性及可靠性,M 公司要求对公司办公网络的结构按照业务进行一定的隔离和管控。

(1)数据中心提供全公司的身份认证服务(微软活动目录域服务)、DNS、Windows 文件共享服务、邮件服务、虚拟机、B/S 应用、MySQL 和 SQL Server 数据库服务,其中数据库服务只能由对应的项目室可以访问。

(2)微软活动目录域服务为全公司所有终端提供身份认证和权限管理服务,DNS 提供名称解析,要求全公司所有终端都能正常访问以上服务。

(3)公司业务交流采用 OA 等系统(B/S 架构)、文件服务(基于 Windows 文件共享)、邮件服务、虚拟机服务,要求除公共区域外其他所有部门均可访问以上服务(公共区域可以访问邮件系统)。

(4)项目室可以访问数据库系统,不同项目室的数据库和文件管控通过上层应用进行控制。

(5)所有会议室网络不能访问公司办公网络,会议室之间相互独立,但都可以访问互联网。

(6)通过网络隔离优化整体网络性能及安全性。

5.1.2 需求分析

由于 M 公司现有业务大量依赖 IT 应用,因此其对于网络安全重视程度极高;任何安全隐患对于公司来说都是不能接受的,因此在对于公司内部网络隔离和数据中心的访问方面关注度极高。

根据用户描述分析得出以下几点。

(1)数据中心是企业 IT 资源的核心,对于重要核心资源,一般可在数据中心的网管部署强安全策略,坚持只需满足用户常规需求即可,禁用非常规业务的所有网络端口,因此需要根据协议特性和端口,设计有针对性的安全策略。

(2)不同部门之间虽然存在底层网络隔离需求,但还应保证正常的业务流程,需要具体分析不同部门之间的业务交流方式。例如:如果采用邮件系统或者 OA 系统进行沟通,那么不同部门之间就不用网络互访,只需要将数据中心作为中转站即可,因此不同部门之间除底层隔离之外,并进行网络层面的隔离。

> **案例**
>
> 企业网络安全不仅关系到企业的正常运营、竞争力和发展,也关系到国家的安全、稳定和利益。因此,企业网络安全是一门重要的课程,需要我们认真学习和掌握。
>
> 国内某知名网约车平台,拥有超过 5 亿用户和 3100 万名司机。2022 年因存在严重违法违规收集使用个人信息问题,被国家互联网信息办公室责令其停止违法违规行为,全面整改,保障用户个人信息安全,并对其处以高额的罚款。
>
> 该网约车平台的网络安全事件给我们敲响了警钟,让我们看到了企业网络安全的重要性和紧迫性。作为企业,我们必须遵守国家的网络安全法规,建立健全网络安全管理制度,采取有效的技术措施和其他必要措施,保护用户的个人信息和隐私,防止数据泄露、篡改、滥用等风险。作为个人,我们也要提高网络安全意识,保护好自己的网络账号和密码,不随意泄露个人信息,不点击可疑的链接或下载可疑的软件,不参与非法的网络活动,维护网络安全和秩序。
>
> 企业网络安全是一门实践性很强的课程,需要我们不断地学习和探索,不断地总结和反思,不断地创新和改进。希望大家能够在这门课程中,学习到有用的知识和技能,培养出正确的网络安全观和责任感,为建设一个安全、稳定、繁荣的网络空间,贡献自己的力量。

5.2 虚拟局域网技术

虚拟局域网(virtual local area network,VLAN)技术的出现,主要是为了解决交换机在进行局域网互联时无法限制广播的问题。这种技术可以把一个物理局域网划分成多个虚拟局域网 VLAN,每个 VLAN 就是一个广播域,VLAN 内的主机间通信就和在一个 LAN 内一样,而 VLAN 间的主机则不能直接互通,这样,广播数据帧被限制在一个

VLAN 内。

VLAN 除了控制广播域的范围外,还可以使不同 VLAN 之间无法进行二层通信,因此也对网络提供了一定的安全性保障。通过划分 VLAN 可以有效地限制局域网内通过广播方式传播网络病毒(比较常见的如 ARP 欺骗),一定程度上防止局域网内的网络监听。

在交换式以太网出现后,同一个交换机下不同的端口处于不同的冲突域中,交换式以太网的效率大大增加。但是,在交换式以太网中,由于交换机所有的端口都处于一个广播域内,因此一台计算机发出的广播帧,局域网中所有的计算机都能够接收到,使局域网中的有限网络资源被无用的广播信息所占用。

如图 5-1 所示,四台终端主机发出的广播帧在整个局域网中广播,假如每台主机的广播帧流量是 100Kbps,则四台主机达到 400Kbps。如果链路是 100Mbps 带宽,则广播占用带宽达到 0.4%。但如果网络内主机达到 400 台,则广播流量将达到 40Mbps,占用带宽达到 40%。网络上到处充斥着广播流,网络带宽资源被极大地浪费。另外,过多的广播流量会造成网络设备及主机的 CPU 负担过重,系统反应变慢甚至死机。

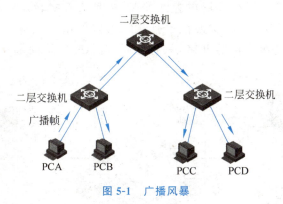

图 5-1 广播风暴

VLAN 技术的出现,就是为了解决交换机在进行局域网互联时无法限制广播的问题。这种技术可以把一个 LAN 划分为多个逻辑的 VLAN,每个 VLAN 是一个广播域,不同 VLAN 间的设备不能直接互通,只能通过路由器等三层设备而互通。这样,广播数据帧被限制在一个 VLAN 内,如图 5-2 所示。

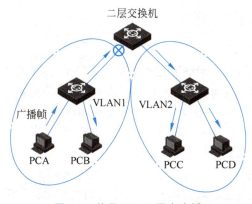

图 5-2 使用 VLAN 隔离广播

目前,绝大多数以太网交换机都能够支持 VLAN。使用 VLAN 来减小广播域的范围,减少 LAN 内的广播流量,是高效率、低成本的方案。

5.2.1 VLAN 技术原理

以太网交换机根据 MAC 地址表来转发数据。MAC 地址表中包含了端口和端口所连接终端主机 MAC 地址的映射关系。交换机从端口接收到以太网帧后,通过查看 MAC 地址表来决定从哪一个端口转发出去。如果端口接收到的是广播帧,则交换机把广播帧向除源端口之外的所有其他端口转发。

在 VLAN 技术中,通过给以太网帧附加一个标签(tag)来标记这个以太网能够在哪个 VLAN 中传播。这样,交换机在转发数据帧时,不仅要查找 MAC 地址来决定转发到哪个端口,还要检查端口上的 VLAN 标签是否匹配。

在图 5-3 中,交换机给主机 PCA 和 PCB 发来的以太网帧附加了 VLAN10 的标签,给 PCC 和 PCD 发来的以太网帧附加 VLAN20 的标签,并在 MAC 地址表中增加关于 VLAN 标签的记录。这样,交换机在进行 MAC 地址表查找转发操作时,会查看 VLAN 标签是否匹配,如果不匹配,则交换机不会从端口转发出去。这样相当于用 VLAN 标签把 MAC 地址表里的表项区分开来,只有相同 VLAN 标签的端口之间能够互相转发数据帧。

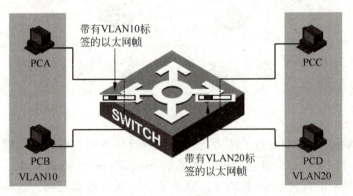

图 5-3　VLAN 技术原理

5.2.2 VLAN 端口类型

1. Access 链路类型端口

只允许默认 VLAN 的以太网帧通过的端口称为 Access 链路类型端口。Access 端口在收到以太网帧后打上 VLAN 标签,转发出端口时剥离 VLAN 标签,对终端主机透明,所以通常用来连接不需要识别 802.1Q 协议的设备,如终端主机、路由器等。

H3C 设备默认端口都是 Access 链路类型,默认属于 VLAN1,但这并非是行业标准,不同厂商定义不一样,具体配置需要查看产品说明书。

2. Trunk 链路类型端口

允许多个 VLAN 帧通过的端口称为 Trunk 链路类型端口。Trunk 端口可以接收和发送多个 VLAN 的数据帧,并且在接收和发送过程中不对帧中的标签进行任何操作。

不过，默认 VLAN 帧是一个例外。在发送帧时，Trunk 端口要剥离默认 VLAN 中的标签，同样，交换机从 Trunk 端口接收到不带标签的帧时，要打上默认 VLAN 标签。

3．Hybrid 链路类型端口

除了 Access 链路类型和 Trunk 链路类型端口外，交换机还支持第三种链路类型端口，称为 Hybrid 链路类型端口。Hybrid 链路类型端口可以接收和发送多个 VLAN 的数据帧，同时还能够指定对任何 VLAN 帧进行剥离标签操作。

当网络中大部分主机之间需要隔离，但这些隔离的主机又需要与另一台主机互通时，可以使用 Hybrid 链路类型端口。

5.2.3　VLAN 配置思路

不同厂商设备的配置命令存在一定的差异，但是总体配置思路基本一致，大致如图 5-4 所示。

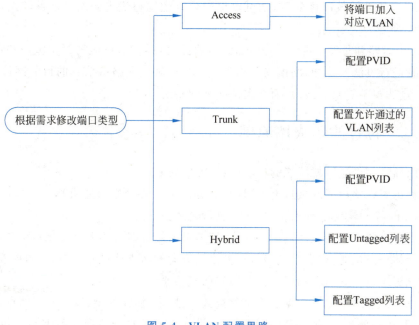

图 5-4　VLAN 配置思路

（1）根据需求修改端口类型。

（2）配置端口的相关特性，Access 需要将端口加入对应 VLAN；Trunk 需要配置 PVID 和允许通过的 VLAN；Hybrid 端口需要配置 PVID、Untagged 列表、Tagged 列表。

5.3　包过滤防火墙

要增强网络安全性，网络设备需要具备控制某些访问或某些数据的能力。访问控制列表（access control list，ACL）包过滤（packet filter）是一种被广泛使用的网络安全技术。它使用 ACL 来实现数据识别，并决定是转发还是丢弃这些数据包。ACL 通过一系列的匹配条件对报文进行分类。匹配条件可以是报文的源地址、目的地址、端口号等信息。

另外，由 ACL 定义的报文匹配规则，可以被其他需要对流进行区分的场合引用，如 QoS 的数据分类、网格地址转换(network address translation，NAT)源地址匹配等。

需要用到 ACL 的应用有很多，主要包括以下几个。

(1) 包过滤功能：配置基于访问控制列表的包过滤，可以在保证合法用户的报文通过的同时拒绝非法用户的访问。比如，要实现只允许财务部的员工访问服务器而其他部门的员工不能访问，可以通过包过滤/丢弃其他部门访问服务器的数据包来实现。

(2) NAT：公网地址的短缺使 NAT 的应用需求旺盛，通过设置访问控制列表可以规定哪些数据包需要进行地址转换。例如，设置 ACL 从而只允许属于 192.168.1.024 网段的用户通过 NAT 访问 Internet。

(3) QoS 的数据分类：网络转发数据报文的服务品质保障。QoS 可以通过 ACL 实现数据分类，并进一步对不同类别的数据提供有差别的服务。比如，通过设置 ACL 来识别语音数据包并对其设置较高优先级，就可以保障语音数据包优先被网络设备转发，从而保障 IP 语音通话质量。

(4) 路由策略和过滤：路由器在发布与接收路由信息时，可能需要实施一些策略，以便对路由信息进行过滤。比如，路由器可以通过 ACL，对匹配路由信息的目的网段地址实施路由过滤，过滤掉不需要的路由，而只保留必须的路由。

5.3.1 包过滤防火墙原理

在路由器上实现包过滤功能的核心内容就是 ACL。

包过滤配置在路由器的接口上，并且具有方向性。每个接口的出站方向(outbound)和入站方向(inbound)均可配置独立的 ACL 进行包过滤。

当数据句被路由器接收时，就会受到入接口上入站方向的防火墙过滤；反之，当数据包即将从一个接口发出时，就会受到出接口上出站方向的防火墙过滤。当然，如果该接口该方向上没有配置包过滤，数据包就不会被过滤，而直接通过。

包过滤防火墙对进出的数据包逐个检查其 IP 地址、协议类型、端口号等信息，与自身所引用的 ACL 进行匹配，根据 ACL 规则(rule)设定丢弃数据包或转发数据包。包过滤防火墙原理如图 5-5 所示。

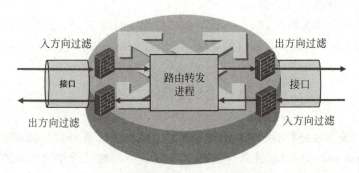

图 5-5 包过滤防火墙原理

5.3.2 ACL 的分类

根据所过滤数据包类型的不同,多业务路由器(multi-service router,MSR)路由器上的 ACL 包含 IPv4 ACL 和 IPv6 ACL。本章讲述 IPv4 ACL。如无特别声明,本书所称的 ACL 均指 IPv4 ACL。

在配置 IPv4 ACL 的时候,需要定义一个数字序号,并且利用这个序号来唯一标识一个 ACL。

ACL 分为以下几类。

(1) 基本 ACL(序号为 2000~2999):只根据报文的源 IP 地址信息制定规则。

(2) 高级 ACL(序号为 3000~3999):根据报文的源 IP 地址信息、目的 IP 地址信息、IP 承载的协议类型、协议的特性等三、四层信息制定规则。

(3) 二层 ACL(序号为 4000~4999):根据报文的源 MAC 地址、目的 MAC 地址、VLAN 优先级、二层协议类型等二层信息制定规则。

指定序列号的同时,可以为 ACL 指定一个名称,此 ACL 称为命名的 ACL。命名 ACL 的好处是容易记忆,便于维护。命名的 ACL 使用户可以通过名称唯一确定一个 ACL,并对其进行相应的操作。

5.3.3 配置 ACL 包过滤

ACL 包过滤配置任务包括以下几个。

(1) 设置包过滤功能默认的过滤规则。系统包过滤功能默认开启,可以修改其默认的过滤规则。

(2) 根据需要选择合适的 ACL 分类。不同的 ACL 分类所能配置的报文匹配条件是不同的,应该根据实际情况的需要来选择合适的 ACL 分类。如果只需要过滤来自于特定网络的 IP 报文,那么选择基本 ACL 就可以了;如果需要过滤上层协议应用,那么就需要用到高级 ACL。

(3) 创建规则,设置匹配条件及相应的动作(permit/deny)。

注意:定义正确的通配符掩码,以命中需要匹配的 IP 地址范围;选择正确的协议类型、端口号来命中需要匹配的上层协议应用;给每条规则选择合适的动作。如果一条规则不能满足需求,则需要配置多条规则,并注意规则之间的排列顺序。

(4) 在路由器的接口应用 ACL,并指明是对入接口还是出接口的报文进行过滤。只有在路由器的接口上应用了 ACL 之后,包过滤才会生效。另外,接口可分为入接口和出接口,所以还需要指明是对哪个方向的报文进行过滤。

5.3.4 包过滤防火墙部署要点

1. 高级 ACL 部署示例

如图 5-6 所示,用户想要实施 ACL 包过滤来阻断从主机 PCA 到 NetworkA 和 NetworkB 的数据包。如果用高级 ACL 来实现,在任意一台路由器上实施 ACL 都可以达到目的。但最好的实施位置是在路由器 RTC 的 GE0/0 接口上,因为可以最大限度地减少不必要的流量处理与转发。

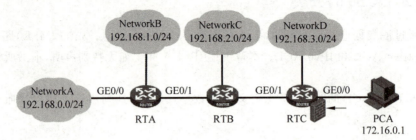

图 5-6　高级 ACL 部署

2. 基本 ACL 部署示例

图 5-7 中，用基本 ACL 来实现与图 5-6 同样的要求，则需要更细心地考虑。如果仍在 RTC 的 GE0/0 接口上配置入方向的基本 ACL 过滤，则 PCA 将不能访问任何一个网络。如果在 RTA 的 GE0/0 接口上配置出方向的基本 ACL 过滤，则 PCA 虽然不能访问 NetworkA，却仍然可以访问 NetworkB。而在 RTA 的 GE0/1 接口上配置入方向的基本 ACL 过滤，则既可以阻止 PCA 访问 NetworkA 和 NetworkB，也可以允许其访问其他所有网络。

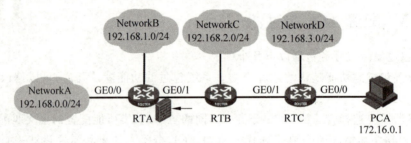

图 5-7　基本 ACL 部署

5.3.5　包过滤的局限性

尽管基于 ACL 的包过滤防火墙功能很强大，但是包过滤防火墙工作于 OSI 七层协议的四层以下，只能根据数据包头中的信息对报文进行过滤，不能根据用户名来允许或拒绝数据通过，更不能给不同的用户授权。如果想实现上述要求，必须在网络中使用其他网络安全技术，例如 802.1X、AAA（认证、授权和计费）等。

另外，ACL 的包过滤防火墙属于静态防火墙，即所有的过滤规则都是预先人为定义好的，不能由系统自动根据情况改变。这样在过滤某些应用层协议时会存在一些限制。比如，有些应用层协议会在客户端与服务器之间动态协商进行数据传输的协议和端口号，而 ACL 包过滤无法检测这些动态建立的传输会话，也就不能很好地进行过滤。如果想实现上述要求，可以使用状态防火墙，如基于应用层状态的包过滤（application specific packet filter，ASPF）来实现。

5.4 实践任务

1. 实践目标

培养学生根据企业业务需求设计网络隔离方案的能力，使其掌握 VLAN、ACL 等常见技术的特性，了解不同的网络隔离技术的应用场景。

2. 实践内容

根据用户业务需求设计网络隔离方案，详细分析具体应用特性，设计有针对性的隔离规则，方案中应体现出以下内容。

（1）办公区域网络隔离方案，详细描述该方案对应的需求，方案解决用户哪些需求、方案优势。

（2）数据中心隔离方案，针对不同分类的企业应用所对应的相关技术及该方案的优缺点。

（3）如果涉及硬件设备，则应详细介绍设备型号及设备性能，介绍设备选型依据。

使用实训设备或虚拟仿真平台完成基础网络搭建，并对设计方案进行验证。

3. 拓展训练

通常情况下，大多数方案中都会提及 VLAN 技术可以隔离用户及增强局域网安全性。请问：VLAN 对于网络的安全性体现在哪里？可以解决哪些网络安全问题？VLAN 所形成的网络隔离是否无懈可击？在不借助三层网络的情况下，你有什么方案可以跨越 VLAN 通信？

第 6 章

网络服务质量

通过对本章的学习,学生可以掌握网络服务质量的评估、保障和管理的基本知识和技术,了解如何遵守国家和国际的相关行业标准。这些标准包括网络安全的最佳实践、数据保护的法规以及网络中立性的原则等。

随着互联网的普及和信息化程度的提高,网络服务质量对于各个行业和社会的正常运行越来越重要。掌握网络服务质量技能,可以满足各行各业对网络服务的需求,保障重要业务和应用的正常运行,推动数字化经济的发展。

6.1 服务质量设计需求

传统的 IP 网络仅提供"尽力而为"(best-effort)的传输服务,网络有可用资源时就转发数据包,网络可用资源不足时就丢弃数据包。网络设备采用先入先出队列(first input first output,FIFO),不区分业务,也无法对业务传递提供任何可预期和有保障的服务质量。

新一代互联网承载了语音、视频等实时互动信息,同时这些业务对网络的延迟、抖动等情况都非常敏感,因此要求网络在传统服务之外能进一步提供有保证和可预期的服务质量。

QoS 通过合理地管理和分配网络资源,允许用户的紧急和延迟敏感型业务获得相对优先的服务,从而在丢包、延迟、抖动和带宽等方面获得可预期的服务水平。

6.1.1 建设需求

B 市分公司有大量的业务需要跟总公司通过互联网进行沟通,因此对互联网的依赖性非常强,在带宽有限的情况下我们需要通过技术手段保证重要业务的网络访问质量,公司对网络的应用需求如下。

(1) B 市分公司和总公司的数据中心之间的数据交换采用远程差分压缩的方式进行备

份，因此这部分数据流量应该在优先保证其他业务数据正常使用的情况下，再考虑数据同步。

（2）行政办公室的主要使用电子邮件和基于 B/S 架构的办公系统，应优先保证这部分业务的数据转发，其他访问需求可以滞后。

（3）所有会议室的视频会议系统的网络使用应该得到最高的访问优先级。

（4）娱乐区域的电脑在网络空闲的时候可以最大化使用网络带宽资源。

（5）数据中心的数据同步，在每天的 0：00 至 3：00 之间对网络的使用有绝对的优先级。

6.1.2 需求分析

网络带宽资源一直都是企业的有限资源，并不可以无限制增加，网络服务质量相关技术可以对有限的网络资源进行合理规划，保证优质资源首先用来支撑公司业务发展。

根据用户描述分析可以得出如下需求。

（1）两地间数据中心数据同步，用户采用远程差分压缩的方式进行数据同步。这种数据一般不需要实时同步，而且一般需要传输的量比较大，因此这部分数据需要保证数据的可靠传输。为了不影响实时业务的使用，这部分数据传输应在网络闲置时进行。

（2）邮件系统和 B/S 架构的应用作为公司的主要业务交流途径，其数据应该优先被转发，以保证正常的业务交流。

（3）视频会议系统对实时性要求极高，因此这部分数据应该在所有数据中享有绝对优先级，任何情况下都应保证会议数据被转发。

（4）娱乐区域因与公司业务无关，优先级最低，但在网络空闲时间不应对该部分数据进行限制，应尽量保证用户娱乐体验。

6.2 服务质量的衡量标准

6.2.1 带宽

带宽(bandwidth)和吞吐量(throughput)是用来衡量网络传输容量的关键指标。带宽就是单位时间内许可的最大数据流量，其单位为 bps(bit per second)。吞吐量是每秒通过的数据包的个数，其单位为 pps(packet per second)。

对于一条端到端的路径而言，其最大可用带宽等于端到端路径上带宽最低的链路的带宽。例如，在图 6-1 所示网络中，虽然 HostA 与 HostB 之间的路径上存在带宽为 1Gbps 的链路，但其最大可用带宽只能等于带宽最小的广域网专线的带宽，即 2Mbps。当然，在每一条链路上可能同时传送多个数据流，这些数据流将共同分享链路带宽。因此每个数据流实际可以占用的带宽将小于最大可用带宽。

对于所有应用而言，带宽都是首要条件。为了使应用能够正常工作，首先必须获得足够的可用带宽。带宽不足将导致网络拥塞，引发丢包、延迟、抖动等一系列问题。

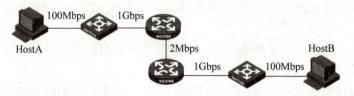

图 6-1　网络带宽计算

注：HostA 与 HostB 之间的最大可用带宽 = min(100Mbps,1Gbps,2Mbps,1Gbps,100Mbps) = 2Mbps。

6.2.2　延迟

延迟(delay)又称时延，是衡量数据包穿越网络所用时间的指标，通常以毫秒(ms)为单位。如图 6-2 所示，延迟是一个综合性的指标，主要由处理延迟和传播延迟组成。

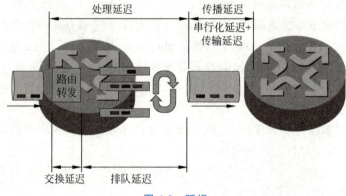

图 6-2　延迟

处理延迟是指网络设备从接收到报文到将其提交到出接口准备发出所消耗的时间。其主要包括以下两部分。

(1)交换延迟：报文从入接口被交换到出接口所用的时间。这部分延迟主要取决于设备内部处理能力，如总线带宽和交换容量等，在设备既定的条件下可以被认为是固定值。

(2)排队延迟：报文在出接口队列中等待和被调度的时间。这部分延迟受网络拥塞情况、调度算法和 CPU 负载的影响，是一个不确定的值。当网络负载较轻时排队延迟可能很小；但当网络负载较重时，大部分报文都要在队列中排队等候，排队延迟会很大。

传播延迟是指报文在链路上传播所消耗的时间。其主要包括以下两部分。

(1)串行化延迟：报文被发送到链路上时转为串行信号所用的时间。其主要取决于物理接口的速率，速率越大则串行化所用时间越少。

(2)传输延迟：物理信号在介质上传输所用的时间。其主要取决于链路的长度和物理性质。例如，卫星通信通常就具有很大的传输延迟，而局域网内的传输延迟基本可以忽略不计。

网络上两节点之间的端到端延迟等于所有途中链路和设备造成的延迟的总和。由于设备和链路的资源状况在不断变化，端到端延迟也并非一成不变的。

6.2.3 抖动

抖动(jitter)是描述延迟变化的物理量,是衡量网络延迟稳定性的指标。抖动通常以毫秒(ms)为单位。抖动的数值等于延迟变化量的绝对值。

抖动产生的原因主要是延迟的随机性。在 IP 网络环境中,由于分组转发的缘故,同一数据流中相接的两个包可能通过不同的路径到达对端,因而其延迟可能相差较大。即使通过相同的路径,网络设备和链路资源的情况也是一个不断变化的因素,这就可能造成延迟的变化性和不可预知性,从而引起较大的抖动。

6.2.4 丢包率

丢包的产生可能来源于传输错误、流量限制、网络拥塞等多种情况。其中,由于传输介质的改进,传输错误造成的丢包已经很少发生了。因而目前的丢包大部分来自网络拥塞和流量限制。前者是由于带宽资源不足,当队列满之后,设备不得已而对某些非重要类型数据进行丢弃而发生的;后者是由于数据流量超出许可的范围,设备对其进行丢弃而发生的。

丢包的程度通过丢包率来衡量。一段时间内的丢包率等于该段时间内丢弃的报文数量除以该段时间内的全部报文数量。

丢包率是衡量网络性能状况的另一个重要参数,主要表征报文在网络传输过程中的可靠性。对于大多数应用而言,丢包是最为严重的网络问题。因为丢包意味着信息的不完整,甚至会影响整个数据流。对于 TCP 应用,由于其提供了重传确认的机制,发生少量的丢包时可以通过重传进行弥补,但是严重的丢包会导致 TCP 传输速率的缓慢,甚至完全中断。对于 UDP 应用,由于 UDP 本身没有任何确认机制,它不能确定是否丢包,因此极有可能造成信息的永久缺失。对于语音、视频等应用,如果网络出现丢包,它们会舍弃这些数据包,因为迟到的数据包对这些应用是没有价值的,最终丢包会使这些应用在使用效果上大打折扣。

6.3 常见应用对网络服务质量的要求

常见应用对网络服务质量的要求有很大区别,如表 6-1 所示。

表 6-1 常见应用对网络服务质量的要求

应用类型	典型应用	带宽	延迟	抖动	丢包率
批量传输	FTP、批量存储备份	高	影响小	影响小	低
交互音频	IP电话	低	低	低	低
单向音频	在线广播	低	影响小	低	低
交互视频	可视电话、视频会议	高	低	低	低
单向视频	视频点播	高	影响小	低	低
实时交互操作	Telnet	低	低	影响小	低
严格任务	电子交易	低	影响小	影响小	低

在带宽方面，一方面，语音视频类应用对带宽的需求相对比较稳定。以语音通话为例，每路 IP 电话需要占用 21～106Kbps 的网络带宽，具体带宽占用值依据不同的编解码算法有所不同。当带宽不足时会产生断断续续和延迟过大等一系列话音质量问题。另一方面，很多批量传输应用对于带宽的需求是无限的。对于某个特定的此类应用而言，如果没有其他应用与其竞争，它将占用所有的带宽；如果同时存在多个应用，它们将互相抢占带宽。每个应用所能得到的带宽与其贪婪性成正比，那些拼尽全力转发数据包的应用，往往能比竞争对手获得更多的带宽，这将导致带宽分配不均，甚至使某些应用处于饥饿状态，严重影响网络的公平利用。因此带宽总是相对不足的，不论带宽有多高，网络都可能发生拥塞——至少是瞬时的拥塞。

在延迟和抖动方面，对于 FTP 文件传输而言，稍大的延迟和抖动不会产生明显影响；对于实时交互操作而言，延迟和抖动会对用户的主观感受产生较大影响。在正常通话过程中，人耳对 150ms 以内的延迟通常是感觉不到的，但若延迟超过 300ms 则会导致通话难以进行。同样是视频应用，视频点播、在线电视等即使被延迟 1s 也不会有明显感觉。另外，较大的延迟将会导致很多应用超时并重传，从而加大了网络负担。抖动主要会对语音和视频等实时应用产生影响，强烈的抖动往往比稳定而较大的延迟对语音通话的影响更大。较大的抖动将会产生语音失真、视频图像马赛克等问题。在一般条件下，语音通话的抖动不应大于 30ms，超过这个值就会严重影响使用者的感受，而文件传输、电子交易这一类应用对抖动则不太敏感。

在丢包率方面，几乎所有的应用对丢包率的要求都较高，即要求尽可能低的丢包率。一方面，对于实时应用而言，重传丢包没有意义，因此丢包会带来不可挽回的影响；另一方面，即使对于具备重传机制或采用面向连接的传输层技术的应用而言，过多的丢包也同样会严重影响数据传输的性能，甚至造成连接中断。语音应用通常要求丢包率小于 1%，超过 5% 的丢包将不能容忍；视频应用的过多丢包也会造成图像错位和马赛克等多方面问题；对于网上银行和网上交易等严格任务来说，即使个别关键的数据包的丢失和差错也可能造成严重影响。

6.4 QoS 的功能

6.4.1 提高服务质量的方法

提高服务质量的方法如下。

(1) 提高物理带宽。增加物理带宽是缓解带宽不足的最简单方法，例如百兆以太网升级到千兆，OC-48 升级到 OC-192。但由于涉及硬件升级，这种方法受技术和成本的限制。应用对带宽的需求是无限的，由于计算机网络具有分组交换资源复用的基本特点，不论物理带宽有多高，都仍然可能发生至少暂时性的拥塞。

(2) 增加缓冲。发送方可以增加缓冲区，在拥塞发生时将来不及发送的报文缓存起来，等资源有富余时再发送；接收方可以增加缓冲区，在抖动较大时等待足够的报文到达后再平滑处理。这种方法可以在一定程度上缓解突发性的拥塞和高抖动，但增加了被缓冲报文的延迟。另外，缓冲区总是有限的，当缓冲区满时报文仍然会被丢弃。

（3）对报文进行压缩。压缩技术减少了数据传输量，效果相当于增加了带宽，同时降低了串行化延迟；但是压缩和解压缩操作会加重设备处理负担，引入新的处理延迟；同时压缩的比率无法预先确定，因此不能预期其实施效果。

（4）优先转发某些数据流的报文。在资源不足时，优先为重要、敏感的应用报文提供服务，同时丢弃不重要的应用报文；在重要性相同的情况下，根据需求对各应用按一定比例提供服务。这样既可以照顾敏感应用对延迟和抖动的要求，又可以照顾各类应用对带宽和吞吐量的要求。在物理资源既定的情况下，这是一种合理的解决方案。

（5）分片和交错发送。在低速链路上，为了避免大尺寸报文的传输长时间占用链路而造成其他报文的延迟，可以将其拆分成若干片段。这种方法可以降低低速链路上重要应用的延迟，降低敏感应用的抖动。

6.4.2 QoS 的功能

QoS 旨在对网络资源提供更好的管理，以在统计层面上对各种业务提供合理而公平的网络服务。其具体的作用包括以下几个方面。

（1）尽力避免网络拥塞。
（2）在不能避免拥塞时对带宽进行有效管理降低丢包率。
（3）调控 IP 网络流量。
（4）为特定用户或特定业务提供专用带宽。
（5）支撑网络上的实时业务。

QoS 只能使资源的分配更合理，使网络传输变得更有效，而不能创造网络资源。

6.5 服务模型

6.5.1 best effort 模型

best effort 模型是最简单的服务模型，如图 6-3 所示。报文的转发不需要预约资源，网络尽最大可能来发送报文，有资源就发送，没资源就丢弃。网络不区分报文所属的业务类型，对各种业务都不提供任何的延迟和丢包保证。

best effort 模型是互联网默认的服务模型，其通过先入先出队列来实现，实现最为简单。

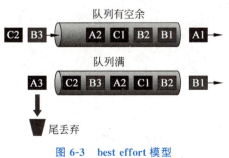

图 6-3 best effort 模型

best effort 模型的优点是实现简单,节省处理资源,速度较快。其缺点是不能区别对待不同类型的业务,对所有的数据流的带宽、延迟、抖动和丢包等都不可控。

6.5.2 区分服务模型

区分服务(differentiated service,DiffServ)模型由 RFC2475 所定义,是目前应用最为广泛的 QoS 模型。其指导思想是对不同业务进行分类,对报文按类进行优先级标记,然后有差别地对其提供服务。

DiffServ 模型对业务的区分是以"类"来进行的,网络边缘设备将不同业务的数据进行分类,并进行适当的标记;网络中间设备则针对有限的类别制定相应的转发策略即可,不需要跟踪每一条具体的数据流,所占用的资源较少,因而具有良好的扩展性。DiffServ 所提供的服务质量是相对的和基于统计的,无法使业务获得绝对和精确的服务质量保障。另外,报文在跨区域传输时,由于不同区域间对相同优先级的报文处理策略可能不同,会导致用户获得的服务出现偏差,因而很难提供端到端的 QoS 保障。

6.5.3 综合服务模型

综合服务(integrated service,IntServ)模型由 RFC1633 所定义,它可以满足多种 QoS 需求。在这种模型中,节点在发送报文前,需要向网络申请所需资源。这个请求是通过资源预留协议(resource reservation protocol,RSVP)信令来完成的。

IntServ 可以提供以下两种服务。

(1)保证服务。它提供保证的带宽和延迟来满足应用程序的要求。例如,某互联网电话(voice over IP,VoIP)应用可以预留 64Kbps 带宽并要求不超过 100ms 的延迟。

(2)负载控制服务。它保证即使在网络过载的情况下,也能对报文提供与网络未过载时类似的服务。即在网络拥塞的情况下,也可以保证某些应用程序报文的低延迟和优先通过。

如图 6-4 所示,IntServ 模型的范围既涵盖了网络设备也涵盖了主机,因而是一种端到端的服务。该模型要求数据流向上的每一跳设备都为每一个流单独预留资源,同时在每一个流进行资源申请时进行准入控制。

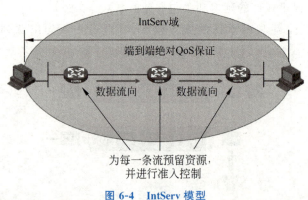

图 6-4 IntServ 模型

在发送数据之前，终端节点应用程序首先将其流量参数和需要的特定服务质量以信令的形式向网络发起请求，这些参数包括带宽、延迟等。网络在收到应用程序的资源请求后，执行资源分配检查，即基于应用程序的资源申请和网络现有的资源情况，判断是否为应用程序分配资源。一旦网络确认为应用程序分配资源，则网络将为这个流（Flow，由两端节点的IP地址、端口号及协议号确定）维护一个状态，并基于这个状态执行报文的分类、流量监管、排队及调度。收到网络确认已预留资源的消息后，终端节点应用程序才开始发送报文。只要该数据流的流量在流量参数描述的范围内，网络就会承诺满足应用程序的 QoS 需求。

IntServ 模型在报文传输前，通过 RSVP 在报文传输路径上的所有中间节点上进行资源申请和预留，从而保证了每一个流都能获得可预期和可控的服务质量。它为用户提供的 QoS 保证是端到端的和绝对的。

IntServ 模型的缺点在于，传输路径上的每一个中间节点都要为一个流维护一个资源状态因此其扩展能力较差。互联网核心上有数以亿计的数据流，全面部署 IntServ 将产生灾难性的后果，因此其通常只能用于小规模网络或边缘网络。

6.6 实 践 任 务

1. 实践目标

培养学生对于网络性能优化方案的设计能力，使其具备分析用户业务流量特点的能力，了解常见流量管控的技术手段和设计特性。

2. 实践内容

结合用户需求分析，设计企业网络性能优化方案，方案中应重点体现如下几点。

（1）详细分析全部业务的优先级顺序。

（2）针对数据中心异地同步的流量管理方案，详细描述设计依据和所使用的技术。

（3）针对常规业务和视频会议的服务质量设计方案，具体描述设计依据。

使用实训设备或虚拟仿真平台完成基础网络搭建，并对设计方案进行验证。

3. 拓展训练

网络延迟一般出现在传输的哪个过程中，其中哪个过程的延迟可以通过技术解决？具体用到什么技术？哪些是不能解决的？为什么？

第 7 章

企业网络优化

通过对本章的学习,学生可以掌握路由优化原理、技术和方法,理解路由优化对于企业网络的重要性和必要性,并学习如何合理规划企业路由网络,以实现网络的高效性、可靠性和安全性,以及注重团队合作和沟通。企业路由网络优化是一个复杂的工程任务,需要多个团队和人员的协作,共同解决问题,才能够实现网络优化的目标。

随着企业信息化的加速和数字化转型的推进,企业路由网络规模不断扩大,应用场景日益复杂,对路由优化的需求也越来越高。企业路由网络优化技能,可以满足各行各业对网络性能和稳定性的需求,推动企业的数字化转型和创新发展。

7.1 建设需求

7.1.1 用户需求

公司总部网络采用 OSPF 协议作为内部路由协议,分支机构网络的路由协议选择,总部不做限制,但提出以下几点要求。

(1) 总部和分支机构之间保证网络畅通,务必实现路由自动发现。

(2) 分支机构的网络故障或者路由振荡不能影响总部的网络稳定性。

(3) 合理控制对专线的使用,只有数据中心的数据交换和正常内部业务交流走专线,其余数据均走互联网。

(4) B 市分公司网络尽可能少地学习和宣告路由信息。

7.1.2 需求分析

大规模网络很难保证整体的稳定性,这取决于不同地域的物理环境和不同区域维护人员的技术水平,因此需要对大规模网络的路由信息的学习进行一定的优化,从而避免单一区域的网络振荡对整体网络的影响。

根据用户描述可以分析得出如下几点。

（1）总部和分支机构之间需要使用动态路由协议进行路由信息交换，但是其中一方的网络振荡不能影响另外一方的网络稳定性，因此，需要对总部和分布之间的路由信息交换进行一定的管控，或者在两者之间隐藏一些不必要的细节信息交换，如OSPF分区域等。

（2）针对不同数据交换使用不同的流量路径这一要求，可以通过对路由进行一定的控制实现。

（3）分支机构尽可能少地学习和宣告路由信息，同时还要保证网络正常使用，因此需要对路由进行有效的控制，从而减少路由表的规模。

7.2 路由过滤

如图 7-1 所示，路由器在发布与接收路由信息时，可能需要对路由信息进行过滤。常用的路由过滤工具有 ACL、地址前缀列表（Prefix-list）等。本章介绍了路由过滤的目的、应用、工具及其相关的配置。

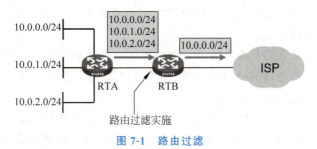

图 7-1 路由过滤

路由器在运行路由协议后，通过路由协议进行路由信息的发布与接收。通常情况下，距离矢量型路由协议会将自己的全部路由信息发布出去，同时也接收邻居路由器发来的所有路由信息；而链路状态型路由协议也会发送自己产生的 LSA，并接收邻居发来的 LSA，然后在本地构建 LSDB 数据库，根据 LSDB 计算出路由。

但是，为了控制报文的转发路径，路由器在发布与接收路由信息时，可能需要实施一些策略，以对路由信息进行过滤，只接收或发布满足一定条件的路由信息。路由过滤的另一个好处是节省设备和链路资源，甚至保护网络安全。

路由过滤的应用比较普遍。例如，某公司内部网络运行了路由协议，某些内部的路由信息是不希望被外部所知道的，这时可以采用路由过滤的方法把内部路由在网络边界上过滤掉。再如，某 ISP 因为某种原因，只想把某条特定路由发送给其客户，就可以采用路由过滤的手段。

7.2.1 路由过滤的方法

路由过滤的方法如图 7-2 所示。

路由过滤主要有以下两种应用方式。

（1）路由引入过滤。路由协议在引入其他路由协议发现的路由时，只引入满足条件的

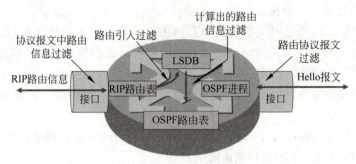

图7-2 路由过滤的方法

路由信息。

（2）路由发布或接收过滤。路由协议在发布或接收路由信息时，对路由信息进行过滤，只接收或发布满足给定条件的路由信息。

在进行路由过滤时，通常有如下几种过滤方法。

（1）过滤路由协议报文。路由器间通过交换路由协议报文而学习路由。如果将路由协议报文过滤，则路由器间无法学习路由，也就达到过滤路由的目的。过滤路由协议报文后，所有的路由信息都被过滤了。

（2）过滤路由协议报文中携带的部分路由信息。路由协议报文中包含了路由信息，路由信息携带了路由属性如目的地址、下一跳等。可以采取适当的过滤器来对其中某些路由信息进行过滤，而允许其他路由信息通过。

（3）对从LSDB计算出的路由信息进行过滤。链路状态型路由协议首先交换LSA来生成本地LSDB数据库，再通过OSPF算法计算出路由，再把路由加入路由表。因此，可以对从LSDB计算出的路由信息进行过滤。

7.2.2 路由过滤的工具

可以通过在路由器上使用静默接口的方式来使路由器不发出协议报文，从而达到路由过滤的目的；也可以配置路由协议使用一些过滤器，来对协议报文中的路由信息进行过滤。

常见的过滤器有以下几种。

（1）ACL。通过使用ACL，可以指定IP地址和子网范围，用于匹配路由信息的目的网段地址或下一跳地址。

（2）地址前缀列表。地址前缀列表的作用类似于ACL，但比它更为灵活，且更易于被用户理解。使用地址前缀列表过滤路由信息时，其匹配对象为路由信息的目的地址信息域；另外，用户可以指定gateway选项，指明只接收某些路由器发布的路由信息。

（3）filter-policy。通过配置filter-policy，可以制定入口或出口过滤策略，对接收和发布的路由进行过滤。在接收路由时，还可以指定只接收来自某个邻居的路由信息协议（routing information protocol，RIP）报文。filter-policy可以使用地址前缀列表和ACL来定义自己的匹配规则。

（4）route-policy。route-policy是一种比较复杂的过滤器，它不仅可以匹配路由信息的某些属性，还可以在条件满足时改变路由信息的属性。route-policy可以使用前面ACL、地址前缀列表等过滤器来定义自己的匹配规则。

通常，ACL 和地址前缀列表仅对路由信息进行匹配，也就是指明哪些路由信息符合过滤的要求；而 filter-policy 和 route-policy 用来指明对符合过滤条件的路由信息执行过滤动作，并指明是对接收还是发送的路由进行过滤。

7.3 路 由 策 略

route-policy 是一种常用的、功能强大的路由策略工具。它不但能够过滤路由，还能对路由的属性进行改变。本节介绍了 route-policy 的目的、应用和特点，route-policy 中包含的节点匹配规则，以及相关的配置等。

路由策略（routing policy）是为了改变网络流量所经过的途径而修改路由信息的技术，主要通过改变路由属性（包括可达性）来实现。

路由器在发布与接收路由信息时，可能需要实施一些策略，以便对路由信息进行过滤，例如只接收或发布满足一定条件的路由信息。一种路由协议可能需要引入其他路由协议发现的路由信息。路由器在引入其他路由协议的路由信息时，可能只需要引入一部分满足条件的路由信息，并控制所引入的路由信息的某些属性，以使其满足本协议的要求。

为实现路由策略，首先要定义将要实施路由策略的路由信息的特征，即定义一组匹配规则。可以把路由信息中的不同属性作为匹配依据进行设置，如目的地址、发布路由信息的路由器地址等。匹配规则可以预先设置好，然后再将它们应用于路由的发布、接收和引入等过程的路由策略中。

route-policy 实际上是一种比较复杂的过滤器，route-policy 的配置方法如图 7-3 所示。

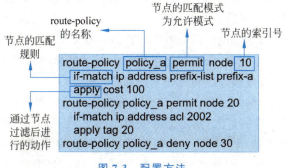

图 7-3 配置方法

一个 route-policy 可以由多个带有索引号的节点（node）构成，每个节点都是匹配检查的一个单元，在匹配过程中，系统按节点索引号升序依次检查各个节点。

每个节点可以由一组 if-match 和 apply 子句组成。if-match 子句定义匹配规则，匹配对象是路由信息的一些属性；apply 子句指定动作，也就是在通过节点的匹配后，对路由信息的一些属性进行设置。

节点的匹配模式有允许模式（permit）和拒绝模式（deny）两种。允许模式表示当路由信息通过该节点的过滤后，将执行该节点的 apply 子句；而拒绝模式表示 apply 子句不会被执行。

一个 route-policy 的不同节点间是"或"的关系,如果通过了其中一个节点,就意味着通过该路由策略,不再对其他节点进行匹配测试。

同一节点中的不同 if-match 子句是"与"的关系,只有满足节点内所有 if-match 子句指定的匹配条件,才能通过该节点的匹配测试。

如果节点的匹配模式为允许模式,则当路由信息满足该节点的匹配规则时,将执行该节点的 apply 子句,不进入下一个节点的测试;如果路由信息没有通过该节点过滤,将进入下一个节点继续测试。

如果节点的匹配模式为拒绝模式,则当路由项满足该节点的所有 if-match 子句时,将被拒绝通过该节点,不进入下一个节点的测试;如果路由项不满足该节点的 if-match 子句,将进入下一个节点继续测试。

当 route-policy 用于路由信息过滤时,如果某路由信息没有通过任一节点,则认为该路由信息没有通过该 route-policy;如果 route-policy 的所有节点都是 deny 模式,则没有路由信息能通过该 route-policy。因此,如果 route-policy 中定义了一个以上的节点,则各节点中至少应该有一个节点的匹配模式是 permit。

7.4 路由引入

进行网络设计时,一般都仅选择运行一种路由协议,以降低网络的复杂性,使其易于维护。但是在现实中,当需要更换路由协议时,或需要对运行不同路由协议的网络进行合并时,有可能在网络中同时运行多种路由协议。本节介绍了在多路由协议网络运行环境下,如何进行路由协议间的引入和部署。

如果一个网络同时运行了两种以上路由协议,如 OSPF 和 RIP,或同时运行了路由协议和静态路由,则这个网络是多路由协议网络。

路由器维护了一张 IP 路由表,路由表中的路由来自不同的路由协议。因为不同路由协议之间算法不同,度量值不同,所以不同路由协议学习到的路由信息不能直接互通,一个路由协议学习的路由不能够直接传送到另一个路由协议去。

在网络合并、升级、迁移的过程中,经常会出现多路由协议的情况。例如,早期网络中使用了 RIP,但随着网络规模的扩大,路由器的数量超过了 15 台,RIP 就变得不再适用了。此时,管理员可以将 RIP 升级成 OSPF。升级过程中可能会出现两种协议共同运行的情况。例如,两个公司网络运行了不同的路由协议,两公司合并时,就会出现两种路由协议共同运行的情况。

网络中运行多个路由协议时,需要使用路由引入来将一种路由协议的路由信息引入另一种路由协议中去,以达到网络互通的目的。

通过使用路由引入,管理员可以把路由信息从一种路由协议导入到另外一种协议;或者在多种协议的不同进程之间导入。

路由引入通常在边界路由器上进行。边界路由器是同时运行两种以上路由协议的路由器,它作为不同路由协议之间的桥梁,负责不同路由协议间的路由引入操作。

图 7-4 所示网络中,RTB 作为边界路由器,同时运行 OSPF 和 RIP。它一方面与 RTA 通过 OSPF 交换路由信息,另一方面与 RTC 通过 RIP 交换路由信息。在 RTB 上实施路由

引入后，它把通过 RIP 学习到的路由导入到 OSPF 协议的 LSDB 中，然后以 LSA 的形式发送到 RTA。这样，RTA 的路由表中就有了 10.0.0.0/24 这条路由。同理，RTB 把 OSPF 路由引入到 RIP 路由表中，所以 RTC 就学到了 172.0.0.0/16 这条路由。

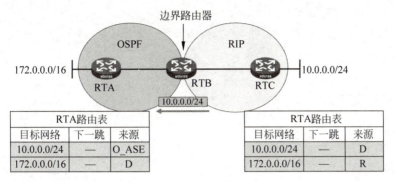

图 7-4 路由引入

在路由引入的时候需要注意的是，不同路由协议之间的一些参数所表达的意义是不一样的，如度量值，关于不同协议之间的特有参数在路由引入的时候需要进行一定的转换。

7.5 实 践 任 务

1. 实践目标

培养学生企业网络路由优化方案的设计能力，使其掌握常见的网络优化技术特性及应用场景，了解行业流行的网络优化方案。

2. 实践内容

根据用户需求设计网络优化方案，方案中需要重点体现如下几点。

（1）两地之间采用什么方式进行路由交换，如何防止一方路由振荡对全局的影响，详细分析方案的优缺点。

（2）针对不同的访问目标选择不同路径需要采用什么方案？写出具体的技术分析。是否有备用方案？

（3）对全局路由进行优化，详细分析路由优化的方案，分析技术细节。

使用实训设备或虚拟仿真平台完成基础网络搭建，并对设计方案进行验证。

3. 拓展训练

项目中防止路由环路是一个非常重要的工作。请问：你认为路由环路产生的根本原因是什么？有没有一劳永逸的办法解决路由环路？（不考虑实现，只考虑理论上是否可行。）

第3部分

云计算解决方案

云计算解决方案是一种基于云计算技术的综合性解决方案,旨在帮助企业和组织解决其IT需求和提高运营效率。该解决方案通常包括云计算服务、云端安全防护和云端应用程序等方面,以及针对不同行业和领域的定制化解决方案。

云计算解决方案的优势在于其灵活性和可扩展性。通过使用云计算技术,企业可以随时随地访问数据和应用程序,并且可以根据需要扩展或缩减计算资源。此外,云计算解决方案还可以降低企业的IT成本,减少硬件和软件采购、维护及升级等方面的支出。

通过选择合适的云计算服务提供商和定制化的解决方案,企业可以获得更好的IT支持和更高效的工作流程。

第 8 章

云平台介绍

通过对本章的学习,学生可以掌握云计算的基本原理、技术和架构,理解云平台在现代化信息技术中的重要性和必要性,并学习如何利用云平台实现资源的动态分配、灵活扩展、高效管理和安全保障。

中国的云计算业务产值已超过数千亿元,年增长率持续保持在20%以上。随着数字化转型的加速和新兴技术的发展,中国的云计算产业前景广阔,预计未来几年将继续保持高速增长。掌握云平台技能,可以服务于各行业的信息化建设和发展,推动数字化转型和创新发展。

8.1 建设需求

8.1.1 用户需求

M公司计划在B市分公司部署私有云平台,将绝大多数业务通过云平台来进行承载,现在不确定使用哪种云平台,但大致规划如下。

(1) 内部办公自动化(office automation,OA)及其他应用服务器部署在云平台。

(2) 娱乐区域计算机采用云桌面的方式部署,终端设备使用瘦客户端。

(3) 对外业务的应用服务器部署在云端。

(4) 由于数据中心规模属中等,因此希望云平台易用、简洁、平台本身不消耗太多资源、功能齐全。

8.1.2 需求分析

云计算方案中,资源密度高,采用管理高效的云平台将对之后的运维管理起到至关重要的作用。

根据用户描述分析可以得出如下几点需求。

（1）企业 OA 等其他应用均部署在云平台，互联网业务也部署在云平台，因此云平台应具备一定的网络管理功能和网络安全策略部署功能，可以同时应对内外网的访问控制需求。

（2）娱乐计算机采用云桌面方案，因此云平台需要支持云桌面功能。

（3）数据中心规模为中等，用户希望平台简洁易用，因此在选择云平台时应该尽可能选择集成度高的云管理平台，这种平台一般消耗系统资源比较少。另外推荐选择国产云管理平台，因为国产平台会根据用户使用习惯进行界面的优化，功能菜单等描述会更容易理解。

8.2 主流云平台

在当前主流的云平台中，公有云平台的产品种类比私有云要更丰富，其中国际上流行的有亚马逊网络服务（Amazon Web service，AWS）、谷歌云平台、微软 Azure、IBM 云平台；在国内比较常见的有阿里云、腾讯云、紫光云等。

主流云管理平台产品通常具有以下特性和特点。

（1）多云管理。主流云管理平台通常支持多个云提供商，如 AWS、Azure、Google Cloud、华三云计算管理平台（Cloud Automation System，CAS）等。它们允许用户通过统一的界面来管理和监控不同云提供商的资源和服务，提供了跨云环境的一致性管理能力。

（2）自动化和编排。云管理平台提供了自动化和编排功能，使用户能够自动化执行复杂的任务和工作流程。用户可以使用可视化工具或编程语言来定义、部署和管理任务和工作流，减少了运维工作的复杂性和人工操作的成本。

（3）资源管理和优化。云管理平台提供了资源管理和优化功能，帮助用户有效地管理它们的云资源。它们可以监控资源使用情况，识别闲置和浪费的资源，并提供优化建议，以节省成本和提高资源利用率。

（4）安全和合规性。主流云管理平台重视安全和合规性，提供了一系列安全和合规性控制措施，如身份认证、访问控制、数据加密、安全审计等。它们帮助用户确保云环境的安全性，满足法规和行业标准的合规要求。

（5）监控和日志管理。云管理平台提供了监控和日志管理功能，帮助用户实时监控他们的云环境，并收集和分析日志数据。用户可以设置警报规则，及时发现和解决潜在的问题，同时也可以通过日志分析来获取洞察和优化云环境性能。

（6）成本管理。云管理平台帮助用户管理和控制他们的云成本。它们可以提供成本分析和预测功能，让用户清楚地了解他们的云资源消耗情况，并提供优化建议来降低成本。

8.3 OpenStack

OpenStack 是一个开源的云计算管理平台，由一系列开源的软件项目组成，旨在为企业和组织提供建立和管理公共云或私有云服务的能力。它提供了一组简单的应用程序接口（application program interface，API），使得管理员能够轻松部署和管理虚拟机、存储和网络资源。

OpenStack 起源于 2008 年，由美国国家航空航天局（National Aeronautics and Space

Administration，NASA）和 Rackspace 共同发起。自那时以来，OpenStack 已经发展成为全球最大的开源云平台之一，拥有超过 100000 个社区成员和数以千计的贡献者。OpenStack 在各个领域都得到了广泛的应用，包括大型企业、运营商、教育和科研机构等。

OpenStack 具备以下优势。

（1）灵活性。OpenStack 支持各种不同的硬件和软件组合，使得企业能够根据需求灵活选择资源。

（2）可扩展性。OpenStack 可以通过添加更多的计算资源或节点来实现规模的扩展，以满足业务需求。

（3）高可用性。OpenStack 具有高可用性的特点，其通过多个节点之间的自动故障切换，确保服务的连续性和稳定性。

（4）安全性。OpenStack 提供了多种安全机制，包括身份验证、访问控制和数据加密等，保障了云服务的安全性。

（5）成本效益。OpenStack 允许企业利用现有的硬件资源，降低云服务的成本。

OpenStack 的主要组件如下。

（1）Nova。它负责管理计算资源，包括虚拟机实例的创建、启动和停止等。

（2）Swift。它负责对象存储，可以存储和检索各种类型的文件，如图像、视频和文档等。

（3）Keystone。它负责身份验证和授权，管理用户和租户的权限和角色。

（4）Cinder。它负责块存储，提供持久性的存储空间，用于虚拟机的磁盘卷。

（5）Neutron。它负责网络管理，包括虚拟网络和 IP 地址的管理。

（6）Horizon。它提供 Web 界面，方便用户管理和监控 OpenStack 的运行情况。

除了以上 6 个主要组件外，OpenStack 还有许多其他组件，如 Trove、sahara 和 Monasca 等，它们为特定的应用场景提供了额外的功能和支持。

OpenStack 的部署方式主要有三种：公有云、私有云和混合云。在公有云中，OpenStack 部署在公共网络中，提供公共云服务。在私有云中，OpenStack 部署在企业内部网络中，提供私有云服务。在混合云中，OpenStack 结合了公有云和私有云的方式，实现业务需求和数据安全的平衡。此外，OpenStack 还支持多种部署方式，如单节点部署、多节点部署、跨数据中心部署等，可以根据具体业务需求进行灵活配置。

因为 OpenStack 是一款开源软件，它是由全世界的技术爱好者共同开发而来的，所以它也具备了开源软件的所有缺点，如代码冗余、功能繁杂、界面不友好、应用难度大、较少地考虑企业级用户需求等。因此，各大技术厂商对 OpenStack 进行了各方面的调整，让它可以更加符合最终用户的使用习惯和技术要求。

在国内就涌现出了大量的基于 OpenStack 二次开发的云管理平台，比较有代表性的企业有新华三、华为、深信服等。

8.4　H3C CAS 组件

H3C CAS 组件如图 8-1 所示。

H3C CAS 是 H3C 公司推出的构建云计算基础架构的管理软件，通过精简数据中心服务器的数量，整合数据中心 IT 基础设施资源，达到提高物理资源利用率和降低整体拥有成

图 8-1　H3C CAS 组件

本的目的，同时利用先进的云管理理念，建立安全的、可审核的数据中心环境，为业务部门提供成本更低、服务水平更高的基础架构，能够针对业务部门的需求做出快速的响应。CAS 由三个组件组成。

（1）CVK。运行在基础设施层和上层客户操作系统之间的虚拟化内核软件。针对上层客户操作系统对底层硬件资源的访问，CVK 用来屏蔽底层异构硬件之间的差异性，消除上层客户操作系统对硬件设备以及驱动的依赖，同时增强了虚拟化运行环境中的硬件兼容性、高可靠性、高可用性、可扩展性、性能优化等功能。

（2）CVM。主要实现对数据中心内的计算、网络和存储等硬件资源的软件虚拟化管理，对上层应用提供自动化服务。其业务范围包括虚拟计算、虚拟网络、虚拟存储、高可用性（high availability，HA）、动态资源调度（distributed resource scheduler，DRS）、虚拟机容灾与备份、虚拟机模板管理、集群文件系统、虚拟交换机策略等。

（3）CIC。由一系列云基础业务模块组成，通过将基础架构资源（包括计算、存储和网络）及其相关策略整合成虚拟数据中心资源池，并允许用户按需消费这些资源，从而构建安全的多租户混合云。其业务范围包括组织（虚拟数据中心）、自助服务门户、云业务电子流、自动化部署与交付、多租户数据、业务安全和兼容 OpenStack 的 REST API 接口等。

8.5　实践任务

1．实践目标

培养学生根据用户需求选择云管理平台产品功能的能力，使其掌握根据用户需求匹配产品功能的能力，了解常见的云管理平台产品特性。

2．实践内容

结合用户需求考查市场上主流的云平台，分析不同产品之间的差异、优缺点，设计云平台建设选型方案，方案中应体现如下几点。

（1）分析用户需求，推荐具体的云平台产品。

(2) 详细介绍选择的云平台产品特性,产品特性对应用户需求。
(3) 介绍云平台功能,分析关键功能如何解决用户需求。
使用实训设备或虚拟仿真平台完成所选云平台产品的实施,并测试相关功能。

3. 拓展训练

通常在介绍云计算解决方案时会向客户强调,云计算可以帮助用户节约IT投入成本,请根据你的理解综合分析,云计算解决方案是如何帮助用户节约成本的?具体节约的是哪部分的成本?

第 9 章

云资源介绍

通过对本章的学习,学生可以掌握云资源的基本概念、分类、特点和优势;理解云资源在现代信息技术领域中的重要性和必要性;学习如何合理利用云资源,实现资源的动态分配、灵活扩展、高效管理和安全保障。

云资源是推动信息技术与各行各业深度融合的重要手段,对于促进我国经济社会发展具有至关重要的作用。此技能可以帮助我们设计和实施更加合理和安全的云资源方案,为推动我国信息化建设作出贡献。

9.1 建设需求

9.1.1 用户需求

公司计划构建私有云平台来承载企业内部各种应用,现需要采购服务器,服务器具体需要承载的业务如下。

(1)云桌面服务器,需要支持200个客户端,其中150个为软件开发客户端,50个为娱乐用计算机。

(2)身份验证服务器两台,服务为微软活动目录域服务,服务大约300个客户端。

(3)邮件服务器两台、Web应用服务器四台、数据库服务器四台、其他服务器两台、文件服务器两台。

(4)服务器资源必须保证所有应用都能够高性能运行,且部分应用需要有一定的容灾机制。

(5)需要充分考虑应对后期需求增加所带来的资源不足问题。

9.1.2 需求分析

云资源的规划是云计算解决方案中最重要部分,云资源的规划是否合理直接影响后期用户体验。

根据用户描述分析可以得出如下几点。

(1) 用户需要支持 200 个云桌面客户端。作为软件开发的客户端,对于硬件配置要求不会特别高,因为绝大多数工作室用客户端来进行文本编辑和软件测试,所以这部分客户端只需要较高的内存和 CPU,如果软件测试在专用服务器上进行的话,开发计算机的配置可以更低。娱乐计算机数量占比少,考虑到可能会有大型网络游戏或单机游戏的需求,这部分客户端需要有较高的性能,并且配置独立显卡等。

(2) 其余应用服务器需要根据实际部署的应用及服务的客户数量进行计算,以保证服务器有足够的计算和存储资源;还需要针对不同的应用进行分析,以确定该应用对于哪些资源有较高的要求,从而进行合理配置。

9.2 云服务器

常见的云服务器有如图 9-1 所示的三种。

图 9-1 云服务器

服务器是网络环境中的高性能计算机,它接收网络上的其他计算机(客户机)提交的服务请求,并提供相应的服务,为此,服务器必须具有承担服务并且保障服务的能力。

服务器作为网络的节点,存储和处理网络上 80% 的数据和信息。它是网络上一种为客户端计算机提供各种服务的高可用性计算机,在网络操作系统的控制下,为网络用户提供集中计算、信息发表及数据管理等服务。它的高性能主要体现在高速的运算能力、长时间的可靠运行、强大的外部数据吞吐能力等方面。

9.2.1 服务器的分类

1. CPU 个数

服务器按可支持的最大 CPU 个数可分为单路服务器(unit processor,UP)、双路服务器(dual processor,DP)、4 路和 8 路多路服务器(multi processor,MP),安装时可配置不大于最大数的任意一个 CPU。不同路数的服务器对应 CPU 类别也不相同,如 E5-2600 只能适用于双路服务器,E5-4700 适用于多路服务器-4 路。CPU 个数越多,服务器的计算性能越强。

2. 处理器架构

按处理器构架分类，服务器可以分为 x86 服务器、RISC 架构服务器、IA-64 服务器。

x86 服务器使用复杂指令计算机（complex instruction set computer，CISC）架构的 CPU，其程序的各条指令是按顺序串行执行，每条指令中的各个操作也是按顺序串行执行的。顺序执行的优点是控制简单，但计算机各部分的利用率不高，执行速度慢。它使用英特尔生产的 x86 系列（也就是 IA-32 架构）CPU 及其兼容 CPU，如 AMD、VIA 的。还有现在新起的 x86-64（也被称为 AMD64）也是属于 CISC 的范畴。

精简指令集计算机（reduced instruction set computer，RISC）是和 CISC 相对的一种 CPU 架构，它把较长的指令分拆成若干条长度相同的单一指令，可使 CPU 的工作变得单纯、速度更快，设计和开发也更简单。RISC 的小机比较贵，硬件不通用，维护成本高，再加上现在分布式、虚拟化、云计算的盛行，某一个服务器节点损坏也不会有什么影响。

RISC 架构服务器一般使用 UNIX 操作系统（现在 Linux 也属于类似 UNIX 的操作系统）。RISC 型 CPU 与 Intel 和 AMD 的 CPU 在软件和硬件上都不兼容。服务器中采用 RISC 指令 CPU 的主要有以下几类：PowerPC 处理器、SPARC 处理器、PA-RISC 处理器、MIPS 处理器、Alpha 处理器。

IA-64 服务器采用显式并行指令计算（explicitly parellel instruction computing，EPIC）的 64 位架构。EPIC 是基于超长指令字（very long instruction word，VLIM）设计的，最初由 INTEL 和惠普联合推出。它通过将多条指令放入一个指令字，有效地提高了 CPU 中各个计算功能部件的利用效率，提高了程序的性能。IA-64 与 IA-32 位不兼容。同时 IA-64 是原生的纯 64 位计算处理器，并且与 x86 指令不兼容，IA-64 如果想要执行 x86 指令，则需要硬件虚拟化支持，而且效率不高。该架构的优点在于 IA-64 架构体系拥有 64 位内存寻址能力，能够支持更大的内存寻址空间；并且由于架构的改变，其性能比 x86-64 的 64 位兼容模式更高更强。

9.2.2 服务器的特点

服务器具有 I/O 性能高、处理能力强、可靠性高、可用性好、扩展性好、管理能力强的特点。

(1) I/O 性能高：SCSI 技术、RAID 技术、提高内存扩充能力都是提高 IA 架构服务器的 I/O 能力的有效途径。

(2) 处理能力强：服务器使用特定 CPU，如 Intel Xeon 和多路 CPU。

(3) 可靠性高：为了达到高可用性，服务器部件都经过专门设计，例如通过降低处理器的频率、提升工艺等手段来降低散热，保证稳定性。

(4) 可用性好：服务器的关键部件的冗条配置，如采用 ECC 内存、RAID 技术、热插拔技术、冗余电源、冗余风扇等做法使服务器具备（支持热插拔功能）容错能力和安全保护能力，从而提高可靠性。

(5) 扩展性好：可支持的 CPU、内存和硬盘槽位多，还可以通过扩展卡安装各种 PCI-E 板卡。

(6) 管理能力强：集成独立管理软件，可对服务器的硬件状态进行监控和警示，还可以对服务器做统一管理配置。

9.2.3　服务器硬件组件

服务器由中央微处理器（central processing unit，CPU）、内存、主板、硬盘、电源以及各种扩展卡（如 RAID 卡、FC HBA 卡）等硬件组件组成，如图 9-2 所示。为了保证服务器的可靠运行，服务器的重要组件都具有冗余特性，如双电源（电源冗余）、硬盘的 RAID 组、内存的 ECC 校验等。

图 9-2　服务器的硬件组件

1. CPU

CPU 是计算机中最重要的部分，一般由运算器、控制器、寄存器等组成，是决定计算机处理能力的核心部件。运算器主要负责算术逻辑和浮点等运算；控制器包括指令控制器、时序控制器、总线控制器、中断控制器等，它控制着整个 CPU 的工作。

服务器按 CPU 分主要分为 x86 服务器、小型机。x86 服务器使用通用的 CPU 和操作系统，具有良好的兼容性、高性价比，同时，也具备高可靠性、可扩展性、高可用性、可维护性。云计算、移动互联网、大数据市场的蓬勃发展，极大地促进 x86 服务器的大力发展。x86 服务器的主要生产商是 Intel，其占有率超过九成，ARM、高通、AMD 是基于 ARM 架构的服务器，属于新兴势力。

小型机服务器各厂家专用 UNIX 系统和处理器，例如 IBM 公司采用 POWER 处理器和 AIX 操作系统，SUN 公司采用 SPARC 处理器和 Solaris 操作系统，HP 采用 Intel 安腾处理器和 HP-UNIX。小型机服务器的显著特点是系统的安全性、可靠性和专用 CPU 的高速运算能力，但是由于它的系统封闭性、兼容性差和昂贵的成本，"去小型机化"日趋明显，越来越多的政府和运营商部门将数据库迁移到 x86 服务器平台。

CPU 的关键参数包括主频、缓存。

主频就是 CPU 的时钟频率，也是 CPU 的工作频率，例如 Intel Xeon E5-2630 v2 2.6GHz 中的 2.6GHz（2600MHz）就是 CPU 的主频。CPU 的主频等于外频与倍频系数之积。一般说来，一个时钟周期完成的指令数是固定的，主频越高 CPU 的速度越快。

缓存就是指可以进行高速数据交换的存储器，它先于内存与 CPU 交换数据，因此速度很快。

L1 Cache（一级缓存）是 CPU 第一层高速缓存，分为数据缓存和指令缓存。内置的 L1 高速缓存的容量和结构对 CPU 的性能影响较大；高速缓冲存储器均由静态 RAM 组成，结构较复杂，在 CPU 管芯面积不能太大的情况下，L1 级高速缓存的容量不可能做得太大（一般服务器 CPU 的 L1 缓存的容量通常在 32～256KB）。

L2 Cache(二级缓存)是 CPU 的第二层高速缓存,分内部和外部两种。内部 L2 Cache 运行速度与主频相同,而外部 L2 Cache 则只有主频的一半。L2 Cache 容量也会影响 CPU 的性能,原则是越大越好。

L3 Cache(三级缓存)是为读取二级缓存后未命中的数据设计的一种缓存。在拥有三级缓存的 CPU 中,只有约 5% 的数据需要从内存中调用,这进一步提高了 CPU 的效率。L3 Cache 可达到 10MB 以上。

图 9-3 所示为至强 E5-2600 v3 的 HASWell-EP 架构。

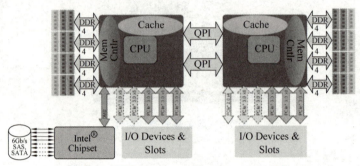

图 9-3　至强 E5-2600 v3 的 HASWell-EP 架构

(1) 内存:支持 DDR4 内存,因为每个 CPU 支持 4 个通道,每个通道可以驱动 3 个 DIMM 条,所以两路 CPU 最大可以扩展至 24 根 DIMM 条(每根最大支持 128GB)。

(2) PCIe:每个 CPU 支持 40 条 PCIe 3.0 的通道。

(3) PCH:主板芯片 PCH 支持外扩 SATA 3.0。

(4) QPI:两个 CPU 之间通过 QPI 互联,支持 9.6Gbps 和 8Gbps 两种不同速率。

2. 主板

主板是服务器的主要部分,承载着其他组件如 CPU、内存、扩展卡、存储等的各种接口和内部通信,如图 9-4 所示。主板决定了支持的 CPU 和内存数量以及可扩展的槽位数。专业的服务器主板集成了管理软件,可通过网口远程对服务器的硬件做实时监控,并对服务器的运行状态进行统计和告警触发,同时可以收集诊断日志用作分析,快速有效地解决运行过程中的问题。

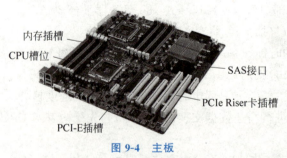

图 9-4　主板

主板内部常见接口包括 CPU 槽位、内存插槽、存储接口(SAS、SATA)、PCI-E 插槽以及 PCIe Riser 卡。主板的 CPU 和内存插槽架构决定了可适配的 CPU 类型和内存类型,如 C610 系列芯片组主板可支持 E5-2600 v3 处理器和 DDR4 内存。

3. 内存

内存（memory）是服务器中重要的部件之一，它是内存条连接 CPU 和其他设备的通道，起到缓冲和数据交换作用。计算机中所有程序的运行都是在内存中进行的，因此内存的性能的好坏对计算机的影响非常大。内存即内部存储器，其作用是暂时存放 CPU 中的运算数据，以及与硬盘等外部存储器交换的数据。只要计算机在运行中，CPU 就会把需要运算的数据调到内存中进行运算，当运算完成后，CPU 再将结果传送出来，内存的稳定运行也决定了计算机的稳定运行。如图 9-5 所示，内存是由内存芯片、电路板、金手指等部分组成的。

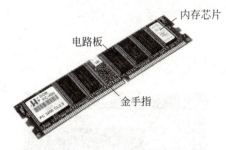

图 9-5 内存

4. 硬盘

硬盘是服务器主要的存储媒介之一，如图 9-6 所示。机械硬盘由一个或者多个铝制或者玻璃制的碟片组成，这些碟片外覆盖有铁磁性材料。绝大多数硬盘都是固定硬盘，被永久性地密封固定在硬盘驱动器中。

图 9-6 硬盘

硬盘按种类分为 SATA 硬盘、SAS 硬盘、FC 硬盘和 SSD 固态硬盘。硬盘按外观尺寸分为 3.5 寸硬盘、2.5 寸硬盘和 PCI-E 插卡硬盘。SAS 硬盘和 FC 硬盘最高转速为 15000r/min，SATA 硬盘最高转速为 7200r/min，SSD 固态硬盘不存在转速。

5. RAID 卡

常用的 RAID 卡包括图 9-7 所示的几种型号。

RAID 卡通常由 I/O 处理器、硬盘控制器、硬盘连接器和缓存等一系列组件构成。RAID 卡有两大功能：一个是通过 RAID 级别实现容错功能；另一个是用多个物理硬盘组成单个逻辑硬盘，使多个硬盘同时传输数据。RAID 卡的接口有 IDE 接口、SCSI 接口、SATA 接口和 SAS 接口。

常见的 RAID 卡有主板集成内置和独立 PCI-E 插卡两种，一般主板集成内置不含缓存，性能不如独立插卡。不同型号 RAID 卡对硬盘数量的支持都不相同。对于运行重要业务的服务器需配置带缓存和电源的 RAID 控制卡。

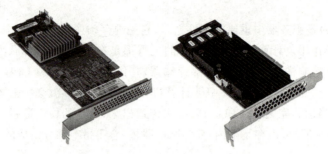

图 9-7　RAID 卡

6. PCI-E 接口

常见的 PCI-E 接口如图 9-8 所示。

图 9-8　PCI-E 接口

PCI-E 是新一代的总线接口。它采用了目前业内流行的点对点串行连接。比起 PCI 以及更早期的计算机总线的共享并行架构，PCI-E 上的每个设备都有自己的专用连接，不需要向整个总线请求带宽，而且可以把数据传输率提高到一个很高的频率，达到 PCI 所不能提供的高带宽。

PCI-E 每更新一代速率都提升一倍，例如从 PCI-E 1.X 的 250Mbps 到 PCI-E 2.X 的 500Mbps，再到 PCI-E3.0 的 1Gbps。PCI-E 支持向下兼容：PCI-E X16 可以兼容 X8、X4、X1；同样 PCI-E 3.0 也可向下兼容 PCI-E 2.0 和 PCI-E 1.0。

7. 服务器电源

服务器电源如图 9-9 所示。

图 9-9　服务器电源

电源是服务器的供电装置，可以分为以下两类。

（1）稳压电源能为负载提供稳定交流电源或直流电源的电子装置，包括交流稳压电源和直流稳压电源两大类。

(2) 冗余电源是由芯片控制电源进行负载均衡,当一个电源出现故障时,另一个电源马上可以接管其工作,在更换电源后,又是两个电源协同工作。

在当前的国际环境下,信息技术领域的竞争越来越激烈,其中不仅涉及技术层面的竞争,还涉及国家安全层面的竞争。因此,国家鼓励和支持国内企业研发具有自主知识产权的信息技术产品,包括服务器,以实现信息技术的自主可控。

信创服务器是信息技术应用创新的服务器,其出现的主要目的是推动国家信息技术产业的发展,提高国家信息安全防护能力。

从技术层面来看,信创服务器也具有很大的优势。随着技术的不断进步,服务器的性能和稳定性得到了极大的提升,同时也具备了更强的安全性和可靠性。这为信创服务器的出现提供了技术基础。

9.2.4 服务器软件功能

服务器软件功能是在服务器上执行特定任务的一组指令或进程。这些功能使服务器能够管理和处理来自客户端设备的请求、存储和检索数据、提供安全性以及执行其他基本任务。

服务器软件功能是服务器技术的重要组成部分,使服务器能够为客户执行关键任务和服务。通过提供网络服务、管理数据库、处理电子邮件和文件共享等,服务器软件功能有助于服务器成为现代企业不可或缺的工具。

1. 基本输入/输出系统(basic input/output system,BIOS)

BIOS 是集成在服务器主板只读存储器(read-only memory,ROM)内的管理程序,同时也是服务器硬件和软件程序之间的一个接口,它具有硬件自检和初始化功能,为服务器设置和记录最底层的硬件参数,引导操作系统类型 UEFI 和 Legacy(传统)BIOS。

互补金属氧化物半导体器件(complementary metal oxide semiconductor,CMOS)主要用于存储 BIOS 设置程序所设置的参数与数据,而 BIOS 设置程序主要对计算机的基本输入/输出系统进行管理和设置,使系统在最好状态下运行,使用 BIOS 设置程序还可以排除系统故障或者诊断系统问题。BIOS 是连接软件程序与硬件设备的纽带,负责解决硬件的即时要求。

2. RAID 配置程序

RAID 配置程序有如下功能。

(1) 对磁盘进行 RAID 等配置。

(2) 对整个服务器的存储相关配置进行查看和诊断。

RAID 配置程序是配置、管理、监视和诊断服务器阵列控制卡的工具,一般分为图形界面和命令行两种模式。它可以在系统启动前按快捷键进入配置,也可以在操作系统下安装 RAID 配置程序软件包后,再运行配置程序。操作系统下操作的优点是在不中断业务情况下,对阵列进行维护和日志收集。

不同厂商的服务器或者存储设备的 RAID 配置程序界面都不一样,但现在大多数都已经是图形化界面,因此操作会更加简单。

3. 系统管理软件

系统管理软件是监控服务器所有硬件运行状态,包括服务器型号、序列号、处理器型号、存储和内存容量、速度,固件版本信息等。它有以下功能。

(1) 对服务器内部温度做监控和统计。
(2) 硬件故障告警。
(3) 丰富的日志记录和定位手段。
(4) 监视并记录服务器硬件和系统配置中的更改。
(5) 记录服务器事件(如服务器断电或重置)。
(6) 硬件故障信息记录。

系统管理软件是服务器的一个标准组件,通过它可以简化服务器初始设置、监控服务器运行状况、优化电源和散热系统以及对服务器进行远程管理等。该软件通过 Web 模式登录,可以监控服务器运行状况从而实时监控服务器中的温度并向风扇发送校正信号以维持正常的服务器散热;还可以监控固件版本以及风扇、内存、网络、处理器、电源和存储的状态;还可以行进简便的 Web 方式固件升级和硬件日志信息收集。也正是因为这种系统管理软件的出现,IT 管理员对大型数据中心的服务器管理变得简单方便,云计算方案也得到了更大力度的支持。

9.3 云 存 储

存储就是根据不同的应用环境,采取合理、安全、有效的方式将数据保存到某些介质上并能保证有效的访问,即它包含两个方面的含义:一方面,它是数据临时或长期驻留的物理媒介;另一方面,它是保证数据完整和安全存放的方式或行为。存储就是把这两个方面结合起来,向客户提供一套数据存放的解决方案。

在计算机发展的历史中,出现了许多种存储介质,如光盘、磁带、机械硬盘、固态硬盘等(图 9-10),这些存储介质用来持久地保存信息。其中机械硬盘和固态硬盘是最为常见和重要的两种存储介质,它们被广泛地使用在现在的计算机系统中。

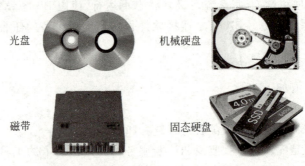

图 9-10 存储介质

9.3.1 存储系统组成

一般来说,一套存储系统的使用需要考虑三个方面:存储硬件、存储软件及存储方案。

存储硬件分为存储设备和存储连接设备。常用的存储设备有磁盘阵列、磁带机、磁带库和虚拟磁带库等。存储连接设备包括交换机、网卡、HBA 卡、RAID 卡、光模块、网线、光纤跳线等。

(1) 磁盘阵列：通过把多个较小容量的硬盘连在智能控制器上，增加了存储容量，提高了数据的可用性。免除单块硬盘故障所带来的灾难性后果，提供更快的存取速度和更高的数据安全性。磁盘阵列是一种高效、可靠、易用的存储设备。

(2) 磁带机：由磁带驱动器和磁带构成。磁带机使用磁带作为介质存储数据，使用磁带驱动器对磁带进行读写。磁带机一般用来备份数据。

(3) 磁带库：像自动加载磁带机一样的基于磁带的备份系统。它能够提供同样的基本自动备份和数据恢复功能，并可由机械臂自动实现磁带拆卸和装填。

(4) 虚拟磁带库：采用备份软件对本地或者外部存储设备上的硬盘空间进行利用，虚拟一个磁带库来使用，不受文件系统的限制，不需要使备份软件发生任何变化，就可以提高备份和恢复的性能，缩小备份窗口。

存储管理软件为用户提供了存储的配置及维护等功能。

一个好的存储解决方案可以在数据存储方面提高 IT 基础架构的整体高可用性，进而保证客户的业务运营的高可持续性。

9.3.2 存储分类

存储分类如图 9-11 所示。

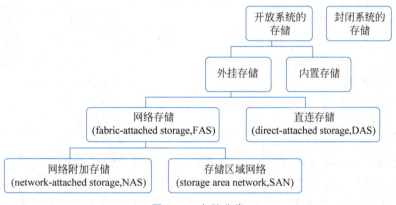

图 9-11 存储分类

早先的存储形式是存储设备（通常是磁盘）与应用服务器上的其他硬件直接安装于同一个机箱内，并且该存储设备是被本台应用服务器独占使用的。随着服务器数量的增多，磁盘数量也在增加，且分散在不同的服务器上，这使数据被分割成杂乱分散的"数据孤岛"，无法在系统间自由流动，资源的充分利用和数据的共享变得相当的困难。如果要更换磁盘，就需要拆开服务器，但这样会中断应用。于是，一种希望将磁盘从服务器中分离出来进行集中管理的需求出现了。

为了使存储设备从服务器中分离出来，厂商提出了使用专用的线缆将服务器的总线和存储设备连接起来，通过专门的小型计算机系统专用接口（small computer system interface，SCSI）指令或光纤（fiber channel，FC）指令来实现数据的存储。最初出现的是直连存储（direct-attached storage，DAS）结构，它通过每台服务器挂接一台独立的存储设备，顶替原先内置的硬盘存储的功能；但是由于资源的浪费和管理的困难等原因，这种结构越来越满足不了应用的需求。之后逐步出现了网络存储，比如网络附加存储（network-attached storage，NAS）、存储区域网络（storage area network，SAN）。网络存储不仅将存储设备从应用服务器中分离出来，进行集中管理，而且可以通过各种网络设备和网络存储设备共同组成整个系统，提供网络信息系统的信息存取和共享服务。

9.3.3 DAS/NAS/SAN 比较

DAS/NAS/SAN 的传输类型、数据类型、典型应用、优点及缺点如表 9-1 所示。

表 9-1 DAS/NAS/SAN 的比较

类别	DAS	NAS	FC SAN	IP SAN
传输类型	SCSI、SAN 附加存储（SAN attached storage，SAS）、FC	互联网协议（internet protocol，IP）	FC	IP
数据类型	块级	文件级	块级	块级
典型应用	任何	文件服务器	数据库应用	视频监控 虚拟化
优点	易于理解 兼容性好	易于安装 成本低	高扩展性 高性能 高可用性	高扩展性 成本低
缺点	难以管理 扩展性有限 存储空间利用率不高	性能较低 对某些应用不适合	比较昂贵 配置复杂 互操作性差	性能较低

DAS 方式扩展性比较差，存储设备必须预留一定的空间以备扩容之需。一般情况下 DAS 方式的存储设备有超过 50% 的存储空间闲置了，造成了资源的严重浪费，而且由于存储资源的分散，这种方式的管理成本很高。DAS 方式在扩充存储容量时还需要应用系统停机，不能实现在线的资源扩展。面对快速增长的存储容量要求，这种架构已经越来越不能满足用户的需要。

NAS 在数据共享的实现上有着其独特的优势，但是它不适用于视频、测绘等大文件的传输，而且不适用于块级别的数据传输。NAS 使用主网络传输数据，因此性能上受到主网络环境的影响。NAS 的优势和劣势决定了 NAS 的应用范围。共享要求很高，频繁交换小文件的文件级共享访问环境，一般都采用 NAS 架构来实现。

SAN 方式可按需提供存储容量，还可以在线扩充以支持更多的用户、更多的存储设备和更多的并行数据通道。SAN 方式使用较少的共享存储空间和设备，从而降低成本。SAN 方式通过建立这种集中存储池，可以满足多个应用服务器的存储增长需求，在多个应用服务器同时存在的情况下仅需较少的备用空间。因为 SAN 具备高性能、高灵活性、高扩展性和高安全性，对大文件的传输没有限制，且适合块级别的数据传输，所以核心应用基本上采用 SAN 架构来实现。

一般来说,SAN 比较适合高带宽块级数据访问,而 NAS 则更加适合文件系统级的数据访问。用户可以部署 SAN 运行关键应用,如数据库、备份等,以进行数据的集中存取与管理。同时,NAS 支持文件共享,因此在日常办公中需要经常交换小文件时,用户可使用 NAS。

越来越多的设计使用 SAN 的存储系统作为后端,提供数据的集中管理和备份服务;同时用 NAS 机头提供文件共享。NAS 机头只是一个简化的服务器,只具有非常有限的存储空间,存放自身的操作系统文件,并不具备文件共享所需的存储资源,必须依托后端的 SAN 存储系统资源,才能对外提供文件共享服务。

9.3.4 存储的性能指标

衡量存储性能的主要指标是每秒进行读写 I/O 操作的次数(Input/Output Operations Per Second,IOPS)和带宽(bandwidth)。带宽指单位时间内的流量或吞吐量,一般以 Mbps 为单位。带宽等于块大小与 IOPS 的乘积。

应用服务器对存储设备的读写方式分为顺序读写和随机读写两种。如果用一块磁盘来举例,顺序读写方式是指磁头从磁盘上的某个扇区开始,依次连续访问此扇区之后的扇区;随机读写指磁头随机访问整个磁盘上的扇区。随机读写方式比顺序读写增加了磁头的寻址时间,因此一般随机读写的速度都会比顺序读写的速度慢很多。

顺序读写与随机读写性能反映了存储性能的不同方面:顺序读写性能反映了存储的吞吐能力,一般用大数据块访问的带宽来衡量,关注的是存储提供的带宽;随机读写性能表示存储对请求反应的快慢,关注的是反应时间,用 IOPS 来衡量。

9.3.5 基于网络的 SCSI

iSCSI(internet SCSI)架构如图 9-12 所示。

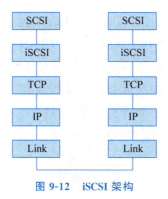

图 9-12 iSCSI 架构

SCSI 协议虽然是目前最为流行的数据传输协议,但是也存在着很多的缺点,例如,SCSI 总线上设备数限制为 15,不适用于多服务器多存储设备的网络结构;SCSI 总线的长度限制在 25m,不适用于构造各种网络拓扑结构等。可以用通过网络来传输 SCSI 数据块的方法来解决 SCSI 允许连接设备数量较少、距离近的问题。通过网络传输 SCSI 数据块的方法有以下两种方式。

（1）iSCSI 协议。它通过 TCP/IP 来封装 SCSI 命令，并在 IP 网络上传输。

（2）FC。FC 在逻辑上是一个双向的、点对点的、为实现高性能而架构的串行数据通道。FC 可以通过构建帧来传输 SCSI 的指令、数据和状态信息单元，光纤信道协议实际上可以看成 SCSI over FC。

9.3.6　RAID 技术

RAID 这个概念最早是在 1987 年由加州大学伯克利分校提出来的，开发这项数据保护技术的初衷是组合小的廉价磁盘来代替大的昂贵磁盘，同时希望磁盘失效时不会令数据受损失。

如图 9-13 所示，RAID 将多个独立的物理磁盘按照某种方式组合起来，形成一个虚拟的磁盘。RAID 在操作系统下作为一个独立的存储设备出现，它可以充分发挥出多块磁盘的优势，提升读写性能，增大容量，提供容错功能以确保数据安全性，同时也易于管理，在冗余阵列出现降级的情况下都可以继续工作，不会受到磁盘失效的影响。

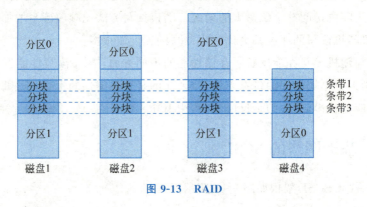

图 9-13　RAID

基于不同的架构，RAID 的实现方式可以分为软件 RAID 和硬件 RAID。

（1）软件 RAID：通过网络操作系统自身提供的磁盘管理功能将连接的普通 SCSI 卡上的多块硬盘配置成逻辑盘，如 Windows、Linux 系统等都可以提供软件阵列功能。软件 RAID 中的所有操作皆由中央处理器负责，因此系统资源的利用率很高，从而使系统性能降低。软件 RAID 不需要另外添加任何硬件设备，依靠操作系统的 CPU 的功能提供所有现成的资源，但不能提供硬件热插拔、硬件热备份、远程阵列管理等功能。

（2）硬件 RAID：通常是一张外设部件互连（peripheral component interconnect，PCI）卡包含了处理器及内存，可以提供一切 RAID 所需要的资源，因此不会占用系统资源。硬件 RAID 可以连接内置硬盘或外置存储设备。无论连接何种硬盘，控制权都是在 RAID 卡上，即由系统所操控。在系统里，单硬件 RAID PCI 卡通常都需要安驱动程序，否则系统会拒绝支持。磁盘阵列可以在安装系统之前或之后产生，系统会将其视为一个（大型）硬盘，而它具有容错及冗余的功能。磁盘阵列不但可以加入一个现成的系统，还可以支持容量扩展，方法也很简单,只需要加入一个新的硬盘并执行一些简单的指令,系统便可以实时利用新加的容量。

9.4 实 践 任 务

1. 实践目标

培养学生根据用户需求匹配云计算方案中硬件资源的能力,使其掌握服务器硬件、存储设备和相关技术的选型依据,了解常见的云计算方案相关硬件资源参数。

2. 实践内容

根据用户需求设计云资源设计方案,方案中应体现如下几点。

(1) 服务器硬件的选型,描述具体配置和数量。

(2) 对企业应用进行分析,描述应用所需要的硬件配置。

(3) 根据用户应用特性设计应用所对应的存储方案。

3. 拓展训练

在云计算设计方案中是否充分考虑用户的资源使用峰值,来进行IT基础设施、硬件性能等资源方案的设计,从而保证用户数据中心在未来的一定时间内不会出现资源不足的情况。

第 10 章

云平台建设

通过本章的学习,学生可以掌握云平台的基本原理、架构、技术和应用,理解云平台在现代信息技术领域中的重要性和必要性;学习如何规划、设计、构建和管理云平台,以及如何保障云平台的安全性和稳定性。

在现代社会中,IT 技能已经成为很多职业的基本要求,掌握云平台建设的知识和技术,可以提高自身的职业素养和竞争力,更好地适应行业发展的需求。同时,云平台建设也是一个不断创新和发展的领域,通过学习和实践,可以不断拓宽自己的视野和提升自己的能力,实现个人职业的可持续发展。

10.1 建设需求

10.1.1 用户需求

根据之前的产品选型和服务器硬件采购情况,设计云平台的实施方案。
(1) 云服务相关资源采用统一的 IP 地址规划。
(2) 云计算众多资源应采用统一的命名规则,方便后期管理和维护。
(3) 通过网络结构的规划,避免网络使用高峰期所带来的服务器性能不足。

10.1.2 需求分析

云平台的建设关键在于对基础架构进行统一的规划,从而保证整体平台易于维护。
根据用户描述分析可以得出如下几点。
(1) IP 地址的规划可以按照资源种类及使用范围统一规划为同一网段。
(2) 云资源的命名可以根据资源所在部门、所在物理位置、责任人等进行统一规划,保证在后期维护中,可以通过资源名称直接了解到该资源的大概情况,方便进行资源定位。
(3) 网络结构的规划可以将不同业务的数据流量通过不同的物理线路承载,从而避免物理线路上单业务数据负载过大,影响其他业务的正常使用。

10.2　云平台规划

云管理平台的规划与实施是一个复杂的过程,需要考虑到企业的业务需求、技术架构和资源情况等因素。以下是一个云管理平台的规划与实施的一般步骤。

1. 需求分析

了解企业的业务需求、技术需求和资源情况,确定云管理平台的建设目标和范围。要重点关注用户将会在云端部署什么应用、应用对其他环境的要求、所有应用的数量、用户现有技术架构等。

例如,用户企业内部采用微软的活动目录域服务来提供身份认证和权限管理,并且要求用统一身份和时间进行全系统日志收集,基于以上需求,优先推荐微软云服务。

2. 技术选型

根据需求分析结果,选择适合企业的云管理平台技术。一般可以根据用户现有技术架构进行选择。

例如,用户现有的运维管理人员绝大多数都善于维护Linux操作系统,并且企业大多数应用都基于Linux系统进行部署,则可以认为用户对Linux系统的维护能力是比较强的,因此在技术选型上优先考虑基于Linux系统的云计算产品。

3. 架构设计

根据企业的业务需求和技术选型结果,设计云管理平台的架构,包括硬件架构、软件架构和网络架构等。其中,非常重要的一点是资源的管理和命名规则,这对将来的运维管理有着至关重要的作用。

例如,用户的云数据中心建设成功后的主要服务对象为互联网用户,则重点考虑网络的互联网接入和服务映射及安全问题;如果是为内部用户提供服务,则重点考虑内部的高质量接入和内部访问规则;如果存在异地数据迁移和同步问题,则应考虑远程实时业务迁移的技术方案等。

4. 安全策略

设计并实施云管理平台的安全策略,包括身份验证、访问控制、数据加密等,确保云服务的安全性。

安全策略的设计一般考虑不同部门之间的业务隔离、同部门内部的不同权限级别、多部门之间的交叉访问、数据中心的内部和外部访问规则等。

5. 系统部署

根据架构设计结果,部署云管理平台的各个组件,包括计算资源、存储资源、网络资源等,并配置相关的参数和权限。

6. 系统测试

对云管理平台进行全面的测试,包括功能测试、性能测试和安全测试等,确保平台能够满足业务需求和性能要求。

7. 用户培训

为用户提供培训和文档支持,使用户能够熟练掌握云管理平台的使用方法和操作技巧。

这一步非常关键,根据长期观察发现,企业网络系统的最大不稳定因素均是来自人的疏忽大意。

8. 运维管理

制定云管理平台的运维管理策略,包括监控、备份、故障排查和恢复等,确保平台的稳定性和可用性。

以上是云管理平台的规划与实施的一般步骤。企业在实施云管理平台时,需要根据自身的实际情况进行具体的规划和实施。同时,还需要不断优化和改进平台,以满足不断变化的业务需求和技术发展。

10.3 云管理平台的部署

关于云管理平台的部署,因为不同厂家产品的差异,所以没有一个统一的标准操作,但是进行总结之后可以将其归纳为两大类:云平台与操作系统集成与基于某系统的独立云平台部署。

10.3.1 云平台与操作系统集成

云平台与操作系统集成架构如图 10-1 所示。

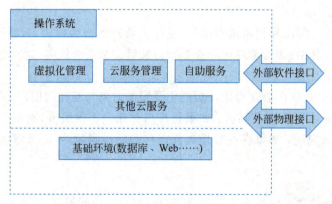

图 10-1 云平台与操作系统集成

此类产品在部署的时候操作相对比较简单,只需要按照常规的操作系统安装步骤进行安装配置即可。其在安装过程中需要注意以下几点。

(1) 产品组件的选择。要根据实际需求选择具体的产品套件,例如,H3C 云计算管理平台(cloud automation system,CAS)3.0 版本安装需要选择是否安装云服务器(cloud virtual machine,CVM)、云业务管理中心(cloud intelligence center,CIC)等系统套件,套件的选择直接影响产品所提供的具体服务。

(2) 安装过程中的系统参数配置。目前能看到的绝大多数云平台都是基于 Linux 系统开发而来,因此这部分安装可以参考 Linux 系统安装的过程实施,需要注意的是网络参数和磁盘分区等配置。

(3) 部署成功之后进行初始化配置。这部分内容是关于云资源的添加和整理及功能性测试。

注意：H3C CAS 3.0 版本的安装与配置，参考 H3CNE-Cloud 认证教材。

目前市场上绝大多数云计算、虚拟化产品都是基于这种方式，除 H3C CAS 和 H3C CloudOS 之外，还有 VMware、思杰等。

10.3.2　基于某系统的独立云平台部署

基于某系统的独立云平台部署架构如图 10-2 所示。

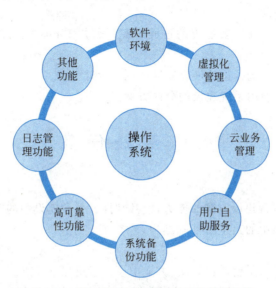

图 10-2　基于某系统的独立云平台部署架构

此类系统的部署比系统集成的部署复杂，甚至有一些系统需要首先配置基础环境，比如，Windows 系统的云平台部署大多数对系统的补丁版本、服务器基础组件、数据库的配置有一定的要求。

这种云平台部署厂家不同，产品差异非常大，因此在部署前需要详细阅读产品说明书及安装手册。比较常见的厂商有微软、华为等。

此类产品的基本安装流程如下。

（1）安装操作系统。安装操作系统的时候需要格外关注该产品对操作系统的种类、版本要求、网络参数和磁盘分区大小的要求，这将影响后期运维管理和资源扩展。甚至有的系统对设备名称也有一定要求。

（2）操作系统环境配置。这部分非常关键，使用者务必详细阅读产品对环境的要求。Windows 系统通常要求 NET 的版本、系统补丁、服务器角色和功能、数据库的版本；Linux 一般要求的是各种扩展。

（3）安装产品。前两部分如果准确无误，这一部分的工作会非常容易。其中，需要关注的是参数的配置，因为云管理平台牵扯多系统协同工作，相互之间数据共享，参数配置错误会导致整个系统无法工作。

10.3.3　部署 H3C CAS

H3C CAS 是基于 Linux 系统的集成平台,安装过程与 Linux 操作系统的安装过程一致,只需要在安装过程中注意关键参数的设置即可,以下是关键步骤。

(1) 选择语言版本。根据实际需求选择语言版本。

(2) 选择需要安装的组件。需要注意的是,云虚拟化内核(cloud virtualization kernel,CVK),在每一个服务器上都是默认安装的。

(3) 配置网络参数。

(4) 配置系统密码。在安装系统的过程中配置的是 Linux 系统的密码,并非 CVM 管理密码。

(5) 选择安装目标。选择本地硬盘安装或网络存储安装。

(6) 磁盘分区推荐使用系统建议的分区方案。

10.4　实 践 任 务

1. 实践目标

培养学生设计云平台建设方案的能力,使其掌握云平台建设中的基础资源规划方案,了解常见云计算解决方案中的云平台基础结构。

2. 实践内容

根据用户需求设计云平台建设方案,方案中应注意出如下几点。

(1) 云数据中心 IP 地址规划除满足当前需求外,还应考虑后期资源扩展问题。

(2) 设计资源命名规则,并详细描述设计依据。

(3) 呈现网络结构设计方案,并分析设计依据和优缺点。

(4) 部署 H3C CAS 系统,基于 H3C CAS 系统验证云网络结构设计方案的可行性。

3. 拓展训练

云计算解决方案是具备可扩展性的,但是这种扩展性并非是无限制的。请问:你认为云计算解决方案的扩展性会受到哪些因素的限制?

第 11 章

云资源管理

通过本章的学习,学生可以掌握云资源的基本概念、分类、特点和优势,理解云资源在现代信息技术领域中的重要性和必要性,并学习如何对云资源进行规划、设计、分配、监控和管理,以及如何保障云资源的安全性和稳定性。

随着信息技术的快速发展,各行业对数据处理和存储的需求越来越高,而传统的数据处理和存储方式已经无法满足这些需求。因此,建设高效、安全、可靠的云资源管理系统,可以促进信息技术与各行各业的深度融合,推动我国经济社会的数字化转型和发展。

11.1 建设需求

11.1.1 用户需求

云平台建设好以后,需要通过云平台统一管理,有效地组织和管理云资源对于后期的维护工作的好处是巨大的,因此客户对云资源管理方面提出如下要求。

(1) 云资源的组织管理要求合理,方便对云资源进行定位和故障排除。

(2) 充分考虑后期对大型应用的负载均衡的需求的支持。

(3) 计算资源支持集中的标准化部署,避免在资源部署时的重复工作。

(4) 尽可能使用自动化运维,减少人工参与繁杂的管理和维护工作。

11.1.2 需求分析

云资源管理在云计算运维中占据了绝大多数的工作量,因此对云资源管理需要有科学的管理手段和管理理念。

根据用户描述分析可以得出如下几点。

(1) 针对云资源的组织管理,云平台通常会提供多种方式。用户可以按照云资源的服务器对象对其进行归类,按照资源所在的物理位置对其进行归类,按照资产归属对其进行归类等。

（2）高可靠性是云计算方案中经常会碰到的问题，部分云平台对于高可靠性配置存在一定的约束，这主要体现在高可靠性成员设备的组织管理形式上，如集群、物理位置等。

（3）集中的标准化部署，在实际中可以大幅度提高工作效率。针对虚拟机部署，可以将相同类型的用户需求进行统一收集，将通用配置采用虚拟机模板的方式进行部署。

（4）自动化运维管理在不同层面使用不同的解决方案，比如，IP地址分配使用DHCP协议，虚拟机部署使用虚拟机模板加用户自助申请页面、配置自动审批电子流等。

11.2 云资源分类

云计算提供商，如AWS、Azure和Google Cloud等，提供了丰富的云资源和服务。以下是一些常见的主流云资源。

（1）虚拟机（virtual machine，VM）。虚拟机是在云上运行的虚拟计算资源，用户可以按需创建和配置虚拟机来托管应用程序和服务。虚拟机提供了灵活的计算和存储能力，用户可以根据需要选择适当的虚拟机类型和规模。

（2）存储服务（storage service）。云提供商提供各种存储服务，包括对象存储、文件存储、块存储等。用户可以根据不同的存储需求选择合适的存储类型，用来存储和管理数据、文件和备份等。

（3）数据库服务（database service）。云提供商提供各种数据库服务，包括关系型数据库（如MySQL、PostgreSQL、SQL Server）、非关系型数据库（如MongoDB、Redis）等。这些数据库服务提供了可扩展、高可用性和灵活的数据库解决方案，方便用户存储和管理数据。

（4）网络服务（network service）。云提供商提供一系列的网络服务，包括虚拟私有云（virtual private cloud，VPC）、负载均衡、安全组、域名服务（domain name service，DNS）等。这些网络服务提供了灵活的网络配置和管理功能，帮助用户建立和管理云环境中的网络架构。

（5）容器服务（container service）。容器服务允许用户将应用程序打包成容器，并在云上进行部署和管理。主流云提供商提供了基于容器的服务，如AWS的弹性容器服务（elastic container service，ECS）和elastic kubernetes service（EKS）、Azure的azure kubernetes service（AKS）、Google Cloud的google kubernetes engine（GKE）等。

11.3 云资源管理任务

主流的云资源管理将资源的配置、监控、优化和管理集成在一起，以实现高效、可靠的云环境运营。以下是主流云资源管理的概述。

（1）集中管理：主流的云资源管理平台提供集中管理的功能，使用户能够在一个统一的界面上管理多个云计算服务提供商的资源。这样用户可以方便地查看和管理不同云提供商的虚拟机、存储、数据库等资源。

（2）自动化运维：主流云资源管理平台提供自动化的资源配置和运维功能，减少了人工操作的工作量。例如，用户可以定义自动化规则来扩展或缩减资源，实现按需调整和弹性伸缩。

(3) 监控和性能管理：主流云资源管理平台提供实时的资源监控和性能管理功能，用户可以监控资源的使用情况、性能指标和应用程序的健康状况。通过监控，用户可以及时发现并解决资源瓶颈或性能问题，保证应用程序的高可用性和高性能。

(4) 成本控制和优化：主流云资源管理平台提供成本控制和优化功能，用户可以根据资源的使用情况和成本数据进行分析和优化。通过识别资源的成本消耗和使用效率，用户可以制定合理的成本优化策略，降低云资源运营成本。

(5) 安全和合规性管理：主流云资源管理平台重视安全和合规性管理，提供一系列的安全性和合规性控制措施。用户可以配置访问控制、身份认证、数据加密等安全措施，确保资源和数据的安全性，并满足法规和合规性要求。

(6) 编排与自动化：主流云资源管理平台能够支持资源的自动化编排和工作流程功能。用户可以定义和执行工作流程，使资源的部署、配置和管理过程自动化，提高操作效率和操作一致性。

(7) 生命周期管理：主流云资源管理平台支持云资源的全生命周期管理。从资源的创建、部署和监控到终止和释放，平台提供了一套完整的资源管理工具和功能。

11.4　H3C 云资源管理

在虚拟化环境中，运行在虚拟机上的操作系统和应用程序，与运行在物理服务器上的要求是一致的，都需要有 CPU、内存、硬盘和网卡等设备。但是在虚拟化环境中，虚拟机不允许直接使用物理机上的 CPU、内存、硬盘和网卡等物理设备，否则会出现硬件资源使用冲突的问题。

虚拟化内核模块对物理服务器的硬件资源进行虚拟化操作，虚拟出计算资源、网络资源和存储资源，为虚拟机提供虚拟 CPU、虚拟内存、虚拟硬盘和虚拟网卡等虚拟设备。

11.4.1　云资源架构

H3C CAS 虚拟化管理系统通过云资源来统一管理数据中心内所有复杂的硬件基础设施，其中不仅包括基本的 IT 基础设施（如硬件服务器系统），还包括与之配套的其他设备（如网络和存储系统）。

如图 11-1 所示，云资源管理主要包括以下内容。

(1) 主机池管理：实现了对主机池的管理，包括主机和共享文件系统管理功能。

(2) 主机管理：实现了对主机的管理，包括主机网络、存储和网络策略的集中管理。

(3) 集群管理：实现了对集群的管理，包括保证集群高可靠性和动态资源调度功能。

(4) 虚拟机管理：实现了对虚拟机的管理，包括虚拟机整个生命周期状态的管理。

(5) 虚拟机回收站：云资源中被删除的虚拟机将被放入虚拟机回收站，虚拟机回收站提供还原和销毁虚拟机功能。

(6) 云资源概览：实时掌握云资源的资源分配状况与主机和虚拟机的运行状态信息。

(7)云资源拓扑:实时掌握计算资源、网络资源、存储资源的分布关系及运行状况。

(8)虚拟机模板管理:实现了对虚拟机模板的管理,包括虚拟机模板的浏览、部署、发布和删除操作。

(9)备份策略管理:实现了对备份策略的管理,包括备份目的路径和备份时间周期的管理。

(10)快照策略管理:实现了对快照策略的管理,包括快照时间周期管理。

(11)监控策略管理:实现了对监控策略的管理,包括预置条件和条件之间关系的管理。

(12)存储管理:实现了对存储的管理,包括虚拟机的操作系统、应用程序文件以及与活动相关的其他数据的管理。

(13)存储适配器管理:实现了对主机上存储设备查询、扫描、多路径策略配置等可视化管理。

(14)网络管理:实现了对网络的管理,包括网卡和虚拟交换机的管理。

(15)网络策略模板管理:实现了对网络策略模板的管理。

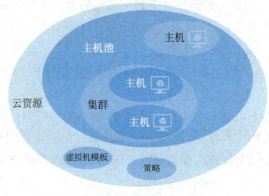

图 11-1 云资源架构

11.4.2 计算资源

如图 11-2 所示,H3C CAS 虚拟化管理系统的计算资源是通过 CVK 主机来提供的,它为虚拟机提供了物理硬件环境。计算资源涉及以下三个概念。

(1)主机:相对于虚拟机而言的,是实体物理服务器。它的作用是给虚拟机提供硬件环境,有时又称"寄主"。通过主机和虚拟机的配合,一台主机上可以安装多个操作系统,并且几个操作系统间还可以通信,就像是真实物理机。默认情况下,主机没有加入 CVM,需要手动将指定的主机添加到主机池或集群中。

(2)集群:通过集群,操作员可以像管理单个实体一样轻松地管理多个主机和虚拟机,从而降低管理的复杂度。同时,系统将定时对集群内的主机和虚拟机状态进行监测,保证数据中心业务的连续性。例如,当一台服务器主机出现故障时,运行于这台主机上的所有虚拟机都可以在集群中的其他主机上重新启动。

(3)主机池:一系列主机和集群的集合体。主机可以存在于主机池中,也可以加入集群。未加入集群的主机全部在主机池中,通过主机池对其进行管理。

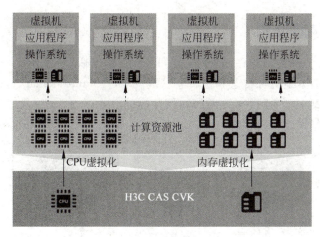

图 11-2　计算资源

11.4.3　网络资源

通过网卡虚拟化技术和软件模拟网卡技术提供了网络资源池后，需要将虚拟网卡分配给虚拟机使用。

根据虚拟网卡实现技术的不同，虚拟网卡的分配方式也分为直接分配和虚拟交换机。

(1) 直接分配：单根输入/输出虚拟化（single root input/output virtualization，SR-IOV）技术虚拟出的虚拟网卡通过定向 I/O 虚拟化技术（Intel virtualization technology for directed I/O，Intel VT-d）技术被直接分配给虚拟机，虚拟机通过该虚拟网卡即可实现与其他虚拟机或者外部网络通信。

(2) 虚拟交换机（图 11-3）：软件模拟的虚拟网卡分配给虚拟机，该虚拟网卡与虚拟交换机模块关联。虚拟机通过虚拟交换机即可实现与其他虚拟机或者外部网络的通信。

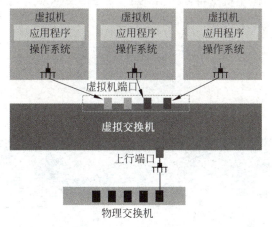

图 11-3　虚拟交换机

虚拟交换机是通过软件模拟的、具有实体交换机系统功能的网络平台，是虚拟化中的一个重要模块。虚拟交换机提供了大量的虚拟端口。虚拟端口连接了虚拟机的虚拟网卡和物理主机的物理网卡。

11.4.4 存储资源

CAS 系统支持多种类型的存储资源(图 11-4),主要包括 DAS、SAN 和 NAS 存储资源。
(1) DAS:包括本地文件目录和逻辑卷管理(logic volume manager,LVM)。
(2) SAN:包括 iSCSI 网络存储和 FC 网络存储。
(3) NAS:包括网络文件系统(network file system,NFS)和 Windows 系统共享目录。

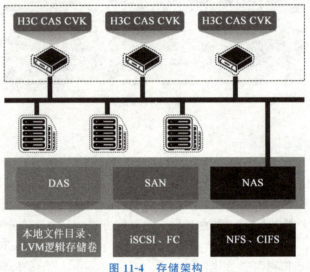

图 11-4 存储架构

在虚拟化环境中,虚拟机需要使用虚拟硬盘。虚拟硬盘不是通过虚拟化技术实现的,而是通过软件模拟实现的,因此系统通过虚拟化内核模块中的软件模拟技术提供存储资源池,并分配虚拟硬盘给虚拟机使用。

如图 11-5 所示,CVK 主机支持使用 IP SAN 和 FC SAN 共享存储,CVK 主机可以以块设备和文件系统两种方式挂载共享存储的卷资源。

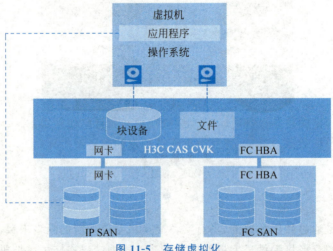

图 11-5 存储虚拟化

虚拟机可以通过多种方式使用共享存储的卷资源,主要包括如下三种方式。

(1) 块设备:虚拟机以块设备的方式使用共享存储的资源。

(2) 文件:虚拟机以文件的方式使用共享存储的卷资源。

(3) 虚拟机远程挂载:对于 IP SAN 存储,在虚拟机操作系统中安装 iSCSI 客户端软件,通过 iSCSI 客户端直接挂载 IP SAN 共享存储的卷资源。

11.5 实 践 任 务

1. 实践目标

培养学生对云计算方案中的运维管理方案的设计能力,使其掌握云资源规划和长期管理方案,了解云运维的相关标准。

2. 实践内容

根据用户需求设计云资源管理方案,方案中应体现出如下几点。

(1) 云资源的集中管理方案。

(2) 资源规划方案。

(3) 计算资源的管理方案。

(4) 设计云资源的命名方案。

(5) 给用户后期维护提出建议。

在云管理平台中实施云资源集中管理方案,测试网络管理功能、虚拟机生命周期管理、存储资源管理。

3. 拓展训练

针对涉密项目使用的虚拟机,是否可以采用精简卷的方式来进行数据存储或者创建虚拟机的动态容量的虚拟硬盘?为什么?

第4部分

云网融合

在云计算环境中,进行正确的网络基本配置是确保云服务正常运行和通信的重要基础。以下是云计算网络基本配置的几个关键方面。

子网规划:将云环境中的IP地址划分为不同的子网,以提供灵活的网络隔离和管理。在规划子网时,需要考虑网络拓扑结构、安全需求和资源划分等因素,并为每个子网分配适当的IP地址范围。

路由配置:确保数据在云环境内部和外部网络之间正确传输的关键配置。需要配置部分路由器,包括路由表等功能,确保各个子网之间能够正确通信,并提供出入口的互联网连接。

安全组配置:云环境中的网络安全策略的重要部分。通过配置安全组规则,可以限制网络流量的进出,允许或禁止特定的端口和协议,以及实现网络访问的细粒度控制。

防火墙设置:防火墙是保护云环境中网络安全的重要组件。需要根据业务需求配置合适的防火墙规则,过滤和检测不安全的网络流量,并保护云资源免受恶意攻击和未经授权的访问。

负载均衡配置:负载均衡是在云服务中分发网络流量的关键组件。通过配置负载均衡设备和算法,可以将流量均匀分配到后端的多台服务器上,提高系统性能和可用性。

域名系统(domain name system,DNS)配置：功能是将域名解析为IP地址的过程，使用户能够通过域名访问云服务。需要配置DNS解析器和域名记录，确保域名能够正确解析到相应的IP地址。

虚拟局域网(virtual local area network,VLAN)配置：可实现虚拟划分和隔离云环境中的网络。根据需要，配置不同的VLAN并将设备和虚拟机连接到适当的VLAN。

虚拟私有网络(virtual private network,VPN)配置：可用于安全地将远程用户和分支机构连接到云环境。需要配置VPN服务器和客户端，并为用户提供安全的远程访问和通信。

第 12 章

云网络优化

通过本章的学习,学生可以掌握云网络的基本原理、架构和技术,理解云网络在现代信息技术领域中的重要性和必要性,并学习如何对云网络进行规划、设计、部署、监控和管理,以及如何保障云网络的安全性和稳定性。

各行业对数据处理和传输的要求越来越高,而传统的数据处理和传输方式已经无法满足这些要求。因此,建设高效、安全、可靠的云网络,可以促进信息技术与各行各业的深度融合,推动我国经济社会的数字化转型和发展。

12.1 建设需求

12.1.1 用户需求

云计算本身对网络的依赖性非常强,云计算的用户体验很大程度上取决于网络质量,因此云网络的优化尤为重要,B市分公司对于云计算网络的优化方面提出如下要求。

(1) 在云数据中心进一步优化云网络,从结构上避免后期业务增加带来的性能壁垒。

(2) 合理使用云网络中的虚拟交换机及网络策略在网络安全方面进行进一步的安全优化。

(3) 除了常规的业务隔离外,针对不同用途的云网络进行隔离,可避免单一业务的突发造成整体云网络的性能下降。

12.1.2 需求分析

在云计算方案中,网络性能直接决定用户体验,云计算与网络密不可分。

根据用户描述分析可以得出以下几点网络性能方面的需求。

(1) 进一步优化云网络,使其支持后期扩展,云计算本身的特点便是资源灵活扩展,因此关于硬件方面的资源扩展需要考虑的问题较少,云资源扩展的壁垒一般来自逻辑资源的限制,如逻辑地址等问题,因此在网络设计时应充分考虑逻辑资源的分配。

(2) 在云计算解决方案中,网络隔离及其他安全策略多数通过在虚拟交换机上部署网络安全策略来实现,在业务间通常采用分配不同的虚拟交换机进行隔离,同时将虚拟交换机绑定外部物理交换机进行隔离,在提高安全性的同时也能避免业务间的资源抢占问题。

(3) 除常规业务隔离外,还应对云平台本身的不同数据进行隔离,如业务网、存储网、管理网等,有效管理不同业务数据可以提高云计算平台的整体稳定性。

12.2 云计算网络的结构优化

主流云计算网络的结构优化是指通过调整网络拓扑、优化网络配置和使用相关技术手段来提高云计算网络的性能、可靠性和可扩展性。下面是一些常见的云计算网络结构优化方法。

(1) 多层次网络拓扑:采用多层次网络拓扑结构,如层次化的数据中心网络。这种拓扑将整个网络划分为多个层次,每个层次负责特定的功能。通过优化网络拓扑,可以减少数据传输路径的长度和延迟,提高传输效率和响应速度。

(2) 负载均衡:在云计算环境中,通过负载均衡技术将客户端请求均匀地分配到多个服务器上,以实现各个服务器资源的合理利用和负载均衡。负载均衡可以通过多种方式实现,如使用硬件负载均衡器、软件负载均衡算法等。

(3) 虚拟化技术:虚拟化技术可以将物理资源抽象为虚拟资源,并通过虚拟机或容器等技术实现资源的隔离和共享。虚拟化可以提高资源利用率和灵活性,减少物理资源的浪费。

(4) 网络优化技术:采用网络优化技术,如带宽管理、流量控制、拥塞控制等,可以提高网络的带宽利用率和吞吐量,降低网络延迟和丢包率,提升网络性能和用户体验。

(5) 缓存技术:通过在云计算网络中设置缓存节点,可以缓存经常访问的数据和应用,提高访问速度和响应能力。缓存技术可以降低对后端存储系统的负载,提高系统的吞吐量和可扩展性。

(6) 软件定义网络(software defined network,SDN)技术:SDN 技术可以将网络控制平面和数据平面分离,通过集中控制和灵活的网络编程实现网络的动态管理和优化。SDN技术可以提高网络的可编程性、灵活性和可管理性,优化网络资源的利用和分配。

H3C 云计算网络的结构优化与主流云计算优化有一定的区别,具体如下。

(1) 分层架构设计:在云计算网络中,采用分层架构设计可以提高网络的可扩展性和灵活性。H3C 可以根据不同层次的网络需求进行网络拓扑设计,包括核心层、汇聚层和接入层。核心层负责高速交换和路由功能,汇聚层提供综合的连接和服务,接入层为终端设备提供连接接口。

(2) 虚拟化网络技术:H3C 可以提供虚拟化网络技术,如虚拟网桥和虚拟交换机。这些技术可以帮助云计算环境中的虚拟机实现灵活的网络隔离、流量控制和安全策略。虚拟化网络可以更好地支持云计算的多租户环境和动态资源分配。

(3) 网络性能优化:H3C 可以提供性能优化功能,包括负载均衡、带宽控制和流量调度等。负载均衡技术可以将网络流量均匀分布在多个路径上,提高网络的吞吐量和可靠性。带宽控制可以实现流量的优先级管理和限制,确保关键应用的网络性能。流量调度可以根据不同的网络需求和优先级,动态调整数据的路径和流向。

(4) 安全性增强:H3C 可以提供安全性增强的解决方案,包括入侵检测和防御、安全访问控制和数据加密等。入侵检测和防御系统可以实时监测和阻止网络攻击,保护网络的安全性。安全访问控制可以通过认证、授权和审计机制,限制用户对敏感数据和资源的访问。数据加密可以保护数据在网络传输和存储过程中的机密性。

(5) SDN 与自动化管理:H3C 支持 SDN 和自动化管理,通过中心化的控制器和分布式的网络设备,实现对网络的集中管理和自动化配置。SDN 技术可以提供灵活的网络配置和服务定义,加速网络部署和变更。自动化管理可以减少人工操作和人为错误,提高网络的效率和可靠性。

12.3 云计算网中业务隔离需求

云网络业务隔离如图 12-1 所示。

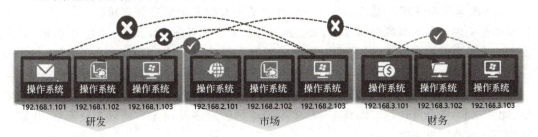

图 12-1 云网络业务隔离

在云计算环境中,业务隔离是非常重要的需求,它涉及保护用户的数据安全、确保资源的隔离和保证不同客户之间互不干扰。以下是云计算网络业务隔离的一些需求。

(1) 数据隔离:不同客户的数据应该被有效地隔离开来,以确保数据的隐私和安全。云服务提供商需要采取合适的技术措施,如数据加密、访问控制、隔离存储等,来保护客户的数据不被未经授权的访问者获取。

(2) 资源隔离:云计算平台应该能够将不同客户之间的计算资源、存储资源和网络资源进行有效的隔离。这可以通过虚拟化技术、容器化技术或其他资源隔离手段来实现,以防止单个客户的资源占用对其他客户造成影响。

(3) 网络隔离:云计算网络需要确保不同客户之间的网络流量相互隔离,避免数据泄露、干扰或攻击。这可以通过网络隔离策略、VLAN、VPN 等方式来实现,以确保客户之间的网络通信是安全的、独立的。

(4) 安全隔离:云计算网络应该提供安全隔离的机制,以确保不同客户之间的操作和活动互不干扰,并减少潜在的安全风险。这可以通过访问控制、身份验证、防火墙、入侵检测与防御系统等安全措施来实现,以保护客户的资源和数据安全。

(5) 性能隔离:云计算网络应该确保不同客户之间的性能不互相影响,避免资源竞争导致服务质量下降。这可以通过合理的资源分配、负载均衡和优化网络配置等手段来实现,以确保客户对网络性能和服务质量的需求得到满足。

(6) 故障隔离:业务隔离可以将网络故障限制在特定的业务范围内,减少故障对整个网络的影响范围。当发生故障时，进行业务隔离可以更准确地定位和隔离故障源，保证其他业务的持续运行和稳定性。

（7）合规性：对于一些特殊行业或监管要求严格的组织，业务隔离可以满足合规性要求。通过将符合特定合规标准的业务划分到独立的网络区域或安全域中，可以确保合规性的实施和监控。

12.4　云计算网络的策略管理

云计算网络策略管理是指对云计算网络中的各种策略进行有效的管理和配置，以确保网络的安全性、性能和可用性。以下是一些常见的云计算网络策略管理实践。

（1）访问控制策略：可以限制对云计算网络资源的访问和操作。其包括基于身份验证和授权的访问控制，确保只有授权的用户可以访问和操作特定的网络资源。通常使用的方法包括 ACL、身份验证和授权协议（如 OAuth、OpenID Connect）等。

（2）安全策略管理：H3C 云计算网络提供了丰富的安全策略管理功能，帮助管理员保护网络免受内外部安全威胁和攻击。例如，管理员可以配置防火墙策略，通过过滤和阻挡不安全的流量来保护网络资源。此外，还可以配置入侵检测和防御系统（intrusion detection and prevention system，IDPS），以及 VPN 策略等来加强网络的安全性。

（3）安全策略：确保云计算网络安全的关键。其包括防火墙规则、入侵检测和防御系统、加密技术、安全审计和事件响应等。安全策略的管理涉及制定和执行安全策略，并监测和响应潜在的安全威胁。

（4）负载均衡策略：用于在云计算环境中平衡流量和资源，以实现更好的性能和可伸缩性。负载均衡策略管理可以包括使用负载均衡器、配置负载均衡算法、监测和调整负载均衡配置等，以确保流量在各个服务器间均匀分布。

（5）带宽管理策略：用于控制云计算网络中的带宽使用和分配，以确保资源的合理利用和满足业务需求。其包括设置带宽限制规则、优化网络流量、实现流量调度和质量控制等手段。

（6）VLAN 策略管理：H3C 云计算网络支持 VLAN 策略管理，从而实现网络的分段和隔离。管理员可以配置 VLAN 策略，将不同的用户、设备或应用隔离到不同的 VLAN 中，并通过 VLAN 间的访问控制进行流量控制和隔离。

（7）容灾和备份策略：涉及制定和执行系统的容灾和恢复计划，以确保系统在出现故障或灾难时能够快速恢复和保持高可用性。其包括数据备份和恢复策略、故障切换和容灾机制、灾难恢复测试和监测等。

（8）网络监测和性能管理策略：用于实时监测云计算网络的运行状态、流量变化和性能指标，以及及时响应和调整。其网络监测工具的使用、性能检测和分析、问题定位和故障排除等。

（9）质量服务策略管理：H3C 云计算网络支持 QoS 策略管理，以确保关键应用和数据流量获得优先级和带宽保证。管理员可以定义不同类型的服务质量策略，如带宽限制、优先级处理、流量分类等，并将其应用于特定的应用和用户。这样可以提高网络资源的利用率，提高关键业务的性能和可靠性。

12.5 实践任务

1. 实践目标

培养学生对云数据中心的网络优化方案设计能力,使其掌握云数据中心的基本结构、云数据中心业务隔离方案设计,了解行业中常见的云数据中心网络结构。

2. 实践内容

根据用户需求设计云网络的优化方案,进一步提升用户云计算网络的负载能力和可靠性,方案中应体现如下几点。

(1) 整体云网络结构设计方案。

(2) 针对不同业务的网络隔离方案。

(3) 业务间的网络安全策略设计方案。

(4) 云平台自身网络管理方案。

使用云管理平台实施网络优化方案,重点实施业务隔离、安全隔离及性能优化。

3. 拓展训练

云计算解决方案的资源相对传统 IT 基础架构的密集度更高一些,为了保证数据安全,云计算平台会通过网络策略等方式进行业务隔离。

请问:进行网络层面的业务隔离和云平台自身的安全策略之后,部署在云平台的企业应用还将面临什么安全威胁?这些安全威胁是否存在标准化解决方案?

第 13 章

企业应用发布

通过本章的学习,学生可以掌握云数据中心的基本原理、架构和技术,理解云数据中心在现代信息技术领域中的重要性和必要性,并学习如何将企业应用部署到云数据中心,以及如何保障云数据中心的安全性和稳定性。

通过云数据中心发布企业应用,中小企业和个人可以更方便地获取计算资源和服务,从而降低创业门槛和创新成本。这有助于激发全社会的创新活力,推动我国创新驱动发展战略的实现。

13.1 建设需求

13.1.1 用户需求

作为一个软件开发公司,公司几乎全部业务都采用数字化方案,因此企业内部存在大量的应用系统,公司的业务流程也都依赖于这些系统进行承载,同时还有一部分业务面向互联网进行发布,具体业务内容如下。

(1) 域控制器(domain controller,DC)和 DNS,管理员对企业内部的用户进行身份验证和权限管理,只对公司内部用户服务。

(2) 文件共享服务器,基于 Windows 的文件共享服务,与总部连接,采用微软分布式文件服务器(distributed function services,DFS)方案进行部署,只对公司内部进行服务。

(3) 数据库服务,其中部署两种数据库(MySQL、SQL Server),两种数据库均对内提供服务,仅限于项目组和部分应用使用,有一个 SQL Server 数据库需要对互联网提供服务,互联网用户通过公网 IP 地址访问。

(4) 一个 OA 系统(基于浏览器/服务器(browser/server,B/S)架构),一个公司门户网站,一个客户服务网站,全部可互联网访问。

13.1.2 需求分析

企业的数字化建设中其实只有具体的应用系统才是真正帮助企业提高生产力的,保证企业应用安全可靠的运行才是企业数字化建设的首要目的。

用户现有应用根据服务范围可以分为以下三类。

(1) 只为企业内部用户提供服务,并且需要与总部进行数据同步。第一类应用基本属于企业内部应用,不需要考虑互联网访问,因此也不用考虑互联网服务映射以及互联网安全威胁问题,需要考虑的是企业内部访问安全问题和与总部间的数据交换安全问题。

(2) 只为分支机构有限的用户提供服务,非服务对象不能访问。第二类只针对特定用户提供服务,这类用户可以采用访问控制列表严格控制访问权限,必要时考虑物理隔离。

(3) 所有人都可以访问,包括互联网用户。第三类需要面对互联网,因此安全性有一定的要求,在访问权限和访问流量监控方面需要有应对方案,应针对不同的应用制定特定的安全策略,同时还应保证互联网访问的简便性,比如采用端口映射,域名解析等。

13.2 私有云数据中心部署应用服务的注意事项

(1) 硬件资源规划:在部署应用服务前,需要对所需的硬件资源进行充分的规划,包括服务器、存储和网络设备等。根据应用服务的实际需求,确保有足够的资源来支持,同时考虑到备份和扩展的需要。

(2) 软件资源规划:除了硬件资源,软件资源也是私有云数据中心的重要组成部分。需要选择合适的操作系统、数据库、中间件等软件平台,并确保彼此之间有良好的兼容性。

(3) 数据备份与恢复:为保证数据的安全性,需要对数据进行定期备份,并制定详细的数据恢复策略。同时,应考虑采用容错技术,如 RAID、镜像等,以提高数据的可靠性和可用性。

(4) 应急响应措施:为应对可能出现的突发情况,如自然灾害、网络攻击等,需要制定完善的应急响应措施,包括数据备份中心的建设、网络拓扑结构的优化等。

(5) 性能监控与优化:在应用服务运行过程中,需要对服务性能进行实时监控,以便及时发现并解决性能问题。同时,对系统性能进行优化,可以提高服务器的利用率,降低能耗。

13.3 针对企业内部发布的应用的部署流程

(1) 确认应用服务需求:首先需要明确企业内部发布的应用服务的需求,包括功能、性能、安全性等方面。

(2) 制定权限管理策略:针对企业内部的应用服务,需要制定严格的权限管理策略,确保不同用户只能访问其具有权限的功能。

(3) 容量规划与扩展性设计：根据应用服务的预期需求，制定合理的容量规划，并考虑如何在未来进行扩展。

(4) 应用服务监控：建立应用服务监控机制，实时收集服务运行数据，以便及时发现并解决性能问题。

(5) 备份与恢复策略：制定详细的应用数据备份与恢复策略，以防止数据丢失或损坏。

(6) 测试与发布：在正式发布前，应对应用服务进行全面的测试，确保其功能和性能满足预期要求。

(7) 持续优化与维护：在应用服务运行过程中，根据监控数据进行持续的性能优化和问题修复，保证服务的稳定性和可靠性。

13.4 针对互联网发布的应用的部署流程

(1) 安全合规性检查：对于面向互联网发布的应用服务，需要确保其符合相关的互联网规定和安全标准。

(2) 负载均衡与容错设计：为应对互联网上大量的用户访问请求，需要采用负载均衡技术将流量分配到多台服务器上，以提高系统的整体性能和可用性。同时，应考虑容错设计，其在当部分服务器发生故障时，可以自动切换流量到其他正常运行的服务器上。

(3) 容量规划与扩展性设计：根据预期的用户规模和应用负载，制定合理的容量规划，并考虑到未来的扩展需求。

(4) 应用服务监控：建立互联网应用服务的监控机制，实时收集并分析服务运行数据，以便及时发现并解决性能问题。

(5) 备份与恢复策略：制定详细的应用数据备份与恢复策略，以确保在发生故障或意外情况时能够快速恢复数据和服务。

(6) 测试与发布：在正式发布前，应对应用服务进行全面的测试，包括功能测试、性能测试和安全测试等，确保其满足互联网发布的要求。

(7) 持续优化与维护：在应用服务运行过程中，要根据监控数据进行持续的性能优化和问题修复，同时密切关注用户反馈和市场需求变化，以便及时调整服务策略以满足用户需求。

(8) 用户反馈与支持：建立有效的用户反馈渠道和处理机制，及时收集和处理用户反馈意见和建议。同时提供必要的用户支持和服务保障，以提高用户满意度和忠诚度。

(9) 成本效益分析：定期进行应用服务的成本效益分析，以确定当前的部署方案是否符合企业的商业目标和预算。根据分析结果，可能需要调整硬件、软件或人力资源等方面的投入。

(10) 持续改进：随着业务需求和技术发展的不断变化，私有云数据中心的应用服务部署也需要持续改进。其包括对现有服务的优化、新技术和新方法的引入以及在安全、效率和用户体验方面的持续改进。

(11) 文档记录和知识积累：对于复杂的部署流程和解决方案，建议进行详细的文档记录，以便于后续的查阅和理解。同时，鼓励团队成员分享知识和经验，以便在整个组织中形成良好的知识积累和共享机制。

(12) 合规性审计:对于涉及敏感数据或具有法律约束力的应用服务,需要定期进行合规性审计。其包括对数据保护、隐私政策、服务级别协议等各方面的审查,以确保服务符合相关法规和企业政策的要求。

13.5 企业应用发布在网络方面的注意事项

(1) 数据安全和隐私保护:云计算的使用涉及大量的数据传输、存储和处理,因此数据的安全和隐私保护是至关重要的。用户需要注意确保自己的数据不被未经授权的第三方访问,同时也要防止数据在传输和存储过程中被泄露或篡改。

(2) 网络性能和稳定性:云计算服务依赖于网络连接,因此网络性能和稳定性对用户体验有着重要影响。用户需要注意网络连接的速度、可靠性和稳定性,以及云计算服务的响应时间和服务可用性。

(3) 数据备份和恢复:由于云计算服务中存储的数据可能因各种原因(如系统故障、网络攻击等)而丢失或损坏,因此用户需要定期备份数据,并确保备份数据的可用性和完整性。

(4) 法规遵守和合规性:在使用云计算服务时,用户需要注意遵守相关法律法规和规定,以确保自己的行为合法合规。其包括数据保护法规、知识产权法规以及与云计算服务提供商之间的服务协议等。

(5) 供应商选择和管理:选择合适的云计算服务供应商对用户来说非常重要。用户需要考虑供应商的服务质量、价格、技术能力、安全记录等因素,并定期评估供应商的表现,以确保其能够满足自己的需求。

(6) 虚拟化安全:云计算通常涉及虚拟化技术,因此需要注意虚拟化环境中的安全问题。例如,确保虚拟机隔离、访问控制、虚拟机逃逸等安全问题得到妥善处理。

(7) 网络攻击防范:云计算服务可能成为网络攻击的目标,因此用户需要注意防范常见的网络攻击,如分布式拒绝服务(distributed denial of service,DDoS)攻击、SQL注入、跨站脚本攻击等。用户需要确保自己的应用程序和系统及时更新补丁程序,并利用安全工具和技术来保护自己的云计算环境。

13.6 实 践 任 务

1. 实践目标

培养学生对企业应用互联网发布方案的设计和实施能力,使其熟悉常见的企业应用在不同场景下的实施方案,熟悉企业发布互联网服务的法律法规及行业规范,了解不同应用对安全性和可访问性的需求。

2. 实践内容

根据用户实际业务,为用户设计应用发布的技术方案,方案中应体现如下几点。

(1) 针对不同类型的应用设计不同的发布方案,详细分析实施流程。

(2) 将应用发布进行标准化,规范技术细节,在保证企业应用高效访问的同时还应加强整体系统的安全性。

在云平台中部署一个企业门户网站,面向互联网发布。部署一个文件共享服务,面向企业内部发布,保证其可用性和安全性。

3. 拓展训练

近年来,信息安全受到全行业的高度重视,企业面向互联网的应用最容易受到攻击,网络上也存在大量关于企业应用安全配置的技术讲解,频繁提及的一个关键词是"不安全端口"。

请根据你的理解总结什么是不安全端口,为什么这些端口是不安全的?针对企业应用的安全加固,你认为哪一个环节是最重要的,你会采用什么手段来加强企业应用安全?

第5部分

项目交付

在项目交付后期,团队会进行一系列收尾工作,包括项目上线前的准备工作、项目上线后的跟踪维护、问题解决和经验总结等。首先,团队会进行上线前的准备工作,包括最后的测试验证、文档整理等。他们会确保所有的任务都已完成,所有的文档都已齐全,以便顺利通过最后的验收。其次,在项目上线后,团队还会进行跟踪维护工作,及时发现和解决潜在的问题或故障。他们会为客户提供必要的支持和服务,确保项目的稳定运行。再次,如果遇到问题,团队会迅速响应并采取相应的措施进行解决。最后,在项目交付后期,团队还会对整个项目进行总结和评估,总结经验教训,为今后的项目提供参考。他们会分析项目的成功和失败原因,提出改进措施和建议,以便不断提高团队的交付能力。

第 14 章

项目验收

14.1 项目验收流程

项目验收作为网络、云计算项目的重要环节,对于确保项目的质量和安全性至关重要。

网络、云计算项目验收主要包括以下几个阶段:准备阶段、启动阶段、实施阶段、测试阶段和结束阶段,如图 14-1 所示。在验收过程中,涉及的角色包括项目发起人、项目经理、项目组成员、测试人员和用户等。为确保验收的顺利进行,各方需要提前准备好相关的材料和工具。

图 14-1 项目验收流程

准备阶段,项目发起人需要明确项目的目标和范围,制订验收计划,并确定参与验收的各方角色及其职责。同时,项目经理需组织项目组成员对项目进行全面梳理,确保项目内容清晰、完整。在此阶段,还需提前安排好测试环境,确保验收期间各项测试能够顺利开展。

启动阶段,项目经理需向参与验收的各方介绍项目背景、目标、范围和验收计划。同时,组织召开第一次验收会议,确认各方对项目的理解一致,并明确后续的验收计划和时间节点。

实施阶段,项目组成员需根据验收计划逐一完成各项任务,确保项目的质量和安全性。在此过程中,测试人员需密切关注项目的实施情况,及时发现并反馈问题。同时,项目组成员要积极与用户沟通,了解用户需求并及时调整项目内容。

测试阶段,测试人员需要根据验收计划对项目进行全面的测试,包括功能测试、性能测试、安全测试等。测试人员需要编写详细的测试报告,记录测试过程中的问题及解决方法。在测试结束后,将测试报告提交给项目经理和用户,供各方参考。

结束阶段,项目经理需要对项目进行总结,评估项目的质量和安全性是否达到预期目标。同时,根据测试报告和用户反馈对项目进行优化和改进,为今后的项目提供经验教训。最终,在验收会议上向所有参与方汇报验收结果,并由项目发起人决定是否通过验收。

14.2 实 践 任 务

1. 实践目标

培养学生组织项目验收工作的能力,使其熟悉项目验收流程和相关文档的撰写,了解标准文档的文字格式和书写规范。

2. 实践内容

根据标准流程完成项目验收,并撰写项目验收报告。报告中应体现如下几点。

(1)项目概述:介绍云计算网络项目的目标和背景,包括项目的范围、时间表、预算等信息。

(2)项目实施情况:详细描述项目的实施过程,包括所使用的技术、工具、方法等,以及项目各个阶段的完成情况和成果。

(3)验收标准:列出项目验收的具体标准,包括技术指标、性能测试、安全评估等方面的要求。

(4)测试结果:对项目进行全面的测试和评估,包括功能测试、性能测试、安全测试等,并提供相应的测试报告和数据。

(5)用户反馈:收集用户对项目的反馈意见,包括用户对项目的满意度、建议等,以便改进和完善项目。

(6)项目总结:对项目进行总结和评估,包括项目的成果、经验教训、不足之处等,并提出相应的建议和改进方案。

第 15 章

项目标准文档

15.1 项目总结报告

在完成一项云计算网络项目后,书写项目总结报告是一项重要的任务。该报告旨在回顾项目的整个实施过程,总结经验教训,评估项目的结果,并为未来项目提供参考。

15.1.1 项目总结报告的书写规范

1. 项目背景与目标

在项目背景部分,简要介绍项目的发起方、项目目标和项目的重要性,清晰地阐述项目的目标和预期成果,以便读者能够了解项目的整体轮廓。

2. 项目实施过程

详细描述项目的实施过程,包括时间轴、关键里程碑、团队成员及其角色、技术选型、遇到的问题和解决方案等。对每个阶段进行详细的阐述,以便读者能够了解项目的进展情况。

3. 成果与实现

展示项目的主要成果和实现细节,包括系统的功能、性能指标、用户满意度等。同时,提供相关数据和图表以支持结论,使报告更具说服力。

4. 经验教训与改进建议

总结项目实施过程中的经验教训,包括团队成员之间的沟通、项目管理工具的使用、技术难点的解决等。针对出现的问题,提出具体的改进建议,以提高未来项目的效率和质量。

5. 结论与展望

对整个项目进行总结,概括项目的成果和经验教训。同时,针对项目的未来发展提出建议和展望,以便读者对项目的未来方向有清晰的认识。

15.1.2　项目总结报告的注意事项

（1）清晰简洁：在书写项目总结报告时，应尽量使用简练、清晰的语言，避免使用过于复杂的词汇和技术术语，以确保报告易于理解。

（2）客观公正：在总结经验和教训时，应保持客观公正的态度，不夸大成果也不回避问题，以便为读者提供真实可靠的信息。

（3）图表支持：适当使用图表和图像来支持结论，使项目总结报告更具说服力。例如，流程图、柱状图、饼图等可以有效地传达信息，提高项目总结报告的可读性。

（4）聚焦重点：在书写项目总结报告时，应聚焦于项目的核心内容和关键点，避免过于冗长和烦琐的描述。突出重点和关键节点，以便读者能够快速了解项目概况。

（5）问题分类与总结：将项目中遇到的问题进行分类和总结，如技术问题、沟通问题、进度问题等。这有助于发现项目的共性问题，为未来项目提供参考和借鉴。

（6）重视细节：在描述项目实施过程和成果时，要重视细节的描述和分析。细节能够使报告更加生动、具体，有助于读者更好地理解项目实施过程和成果的质量。

（7）合理建议：针对项目中暴露出的问题和不足，提出合理可行的改进建议。这些建议应该具有可操作性和针对性，以便为未来项目提供指导和帮助。

（8）存档备份：项目总结报告应该及时存档备份，以便在需要时进行查阅和参考。同时，备份也可以提高报告的安全性和可靠性。

15.2　技术报告

云计算网络项目技术报告主要用于记录和展示在云计算网络项目中所采用的技术、方法、工具和实现细节。该报告旨在为项目团队、相关技术人员及利益相关者提供关于项目技术方面的详细信息，以便更好地理解项目的实施过程和达到的目标。本节将详细介绍云计算网络项目技术报告的书写规范。

15.2.1　技术报告的结构与内容

1. 封面与目录

技术报告的封面应包含项目名称、报告名称、编写人、编写日期和所在公司或组织等信息。在目录部分，列出技术报告的主要章节和对应的页码，以便读者快速了解技术报告的结构和内容。

2. 项目概述

本章节简要介绍项目的背景、目的、范围和关键技术点，通过项目概述，让读者对项目有整体的了解。

3. 技术架构与设计

本章节详细描述项目的整体架构设计，包括网络拓扑结构、服务器配置、存储与备份策略、安全措施等，同时，应阐述各部分之间的相互作用和依赖关系。

4. 关键技术实现

本章节针对项目中的关键技术点以及对其实现细节进行描述，如虚拟化技术、自动化部署、负载均衡、容错处理等。通过本章节，读者可以了解项目中的技术创新点和难点，以及如何通过技术手段解决问题。

5. 性能评估与优化

本章节提供项目实施后的性能评估结果，包括响应时间、吞吐量、并发用户数等指标。同时，针对性能瓶颈进行深入分析和优化建议，为后续的运维和扩展提供参考。

6. 安全措施与防护

本章节重点介绍项目的安全防护措施，包括防火墙配置、访问控制策略、加密解密技术、防止恶意攻击等，详细阐述安全策略的制定和实施过程，以及应对潜在威胁的防范措施。

7. 经验总结与展望

本章节对项目的技术实施过程进行总结，分享团队在项目实施过程中的经验教训，同时，针对未来云计算机网络技术的发展趋势和应用需求，提出改进和优化建议，为类似项目的实施提供参考。

15.2.2 书写规范与注意事项

（1）清晰明确：在书写技术报告时，应使用简洁明了的语言，避免使用过于专业的术语和技术性过强的描述，以确保技术报告易于理解。

（2）结构合理：技术报告的结构应清晰合理，各章节内容应相互衔接，形成一个完整的整体。

（3）图表支持：在技术报告中适当使用图表和图像来解释和说明技术细节和实现过程。例如，网络拓扑图、服务器配置图等可以直观地传达信息，提高报告的可读性。

（4）技术深入：技术报告应对关键技术点进行深入的描述和讨论，包括技术创新点和难点。同时，要注重技术的实用性和可行性，避免过于理论化或抽象化的描述。

（5）性能评估：在进行性能评估时，应提供客观真实的数据和指标，并进行深入的分析和比较。同时，要关注性能瓶颈的挖掘和优化建议的提出，为项目的后续优化提供参考。

（6）安全防护：在描述安全防护措施时，要注重细节的描述和分析。同时，要关注潜在威胁的防范和应对措施的提出，以确保项目的安全性得到充分保障。

15.3 项目实施方案

随着云计算技术的快速发展，云计算网络项目在各个行业中得到了广泛应用。项目实施方案是确保云计算网络项目成功实施的关键因素之一。

15.3.1 项目实施方案的结构

1. 项目背景与目标

在项目背景部分，需要简要介绍云计算网络项目的背景和目的，包括项目的发起方、项目的目标、项目的意义等。项目目标部分需要明确项目的目标、规模、时间、成本等因素，以便为后续的项目实施提供指导和约束。

2. 项目实施方案

在项目实施方案部分,需要详细介绍云计算网络项目的实施方案,包括项目组织、计划、流程、技术实现等。以下是具体的书写规范。

(1) 项目组织:明确项目团队的组织结构、人员构成、职责分工等,以便更好地协调和管理项目实施过程。

(2) 项目计划:制订详细的实施计划,包括任务分配、时间安排、资源分配等,以确保项目按时完成。

(3) 项目流程:明确项目的流程和方法,包括需求分析、设计、开发、测试、部署等环节,以确保项目实施过程的高效性和规范性。

(4) 技术实现:根据项目需求和目标,选择合适的技术和工具,包括云计算平台、网络技术、虚拟化技术等,以确保项目的可行性和技术先进性。

3. 项目风险管理

在项目风险管理部分,需要分析可能出现的项目风险,如技术难题、进度延误、成本超支等,并提出相应的应对措施。以下是具体的书写规范。

(1) 风险识别:明确可能出现的风险和难点,包括技术风险、进度风险、成本风险等。

(2) 风险评估:对每个风险进行评估,确定其对项目的影响程度和可能性。

(3) 风险应对:针对每个风险,制定相应的应对措施,包括规避、减轻、转移等。

(4) 风险监控:在项目实施过程中,对风险进行实时监控,及时发现和处理新出现的风险。

4. 项目评估与总结

在项目评估与总结部分,需要对项目进行评估和总结,包括对项目效果、项目成员的贡献、项目经验教训等方面的评估。以下是具体的书写规范。

(1) 项目效果评估:对项目的实施结果进行评估,包括项目的质量、性能、用户满意度等方面。

(2) 项目成员贡献评估:对项目团队成员的贡献进行评估,包括工作量、工作效率、团队协作等方面。

(3) 项目经验教训总结:总结项目实施过程中的经验教训,包括项目管理、团队协作、技术实现等方面的问题和改进措施。

(4) 项目未来展望:针对项目的未来发展提出建议和展望,以便为类似项目的实施提供参考。

5. 结论

以上的书写规范可以帮助项目团队更好地制订云计算网络项目的实施方案。在实际书写过程中,应根据项目的具体情况和需求进行调整和完善。同时,应注意保持书写规范的一致性和准确性,以确保方案的可读性和可执行性。

15.4 项目验收报告

项目验收报告是云计算网络项目的一个重要组成部分,用于对项目的实施成果进行评估和确认。

15.4.1 报告目的

项目验收报告的主要目的是对云计算网络项目的实施成果进行评估和确认,包括项目的范围、功能、性能和质量等方面。同时,该报告还可以为项目团队、相关技术人员及利益相关者提供关于项目实施过程和成果的详细信息,以便更好地了解和评估项目的成功程度和价值。

15.4.2 报告内容

项目验收报告的内容应包括以下几个方面。

(1) 项目背景与目标:介绍项目的背景、目的、范围和目标等,以便了解项目的整体情况。

(2) 项目实施过程:详细描述项目的实施过程,包括关键里程碑、团队成员及其角色、技术选型、遇到的问题和解决方案等。

(3) 项目成果展示:展示项目的成果,包括系统的功能、性能指标、用户满意度等,同时,提供相关数据和图表以支持结论,使报告更具说服力。

(4) 项目评估与确认:对项目的范围、功能、性能和质量等方面进行评估和确认,判断项目是否符合预期目标和要求。

(5) 问题与改进建议:针对项目中存在的问题和不足,提出具体的改进建议和优化措施,以提高项目的质量和效益。

(6) 项目总结与展望:对整个项目进行总结,概括项目的成果和经验教训,同时,针对项目的未来发展提出建议和展望,以便读者对项目的未来方向有清晰的认识。

15.4.3 报告结构

项目验收报告的结构应清晰明了,包括封面、目录、正文和附录等部分。以下是具体的结构建议。

(1) 封面:包括项目名称、报告名称、编写人、编写日期和所在组织等信息。

(2) 目录:列出报告的主要章节和对应的页码,以便读者快速了解报告的结构和内容。

(3) 正文:按照上述内容建议进行撰写,包括项目背景与目标、项目实施过程、项目成果展示、项目评估与确认、问题和改进建议,以及项目总结与展望等章节。

(4) 附录:提供相关的辅助材料,如技术文档、图表数据等。

15.4.4 书写规范与注意事项

在书写项目验收报告时,应遵循以下规范和注意事项。

(1) 清晰明确:使用简洁明了的语言,避免使用过于专业的术语和技术性过强的描述,以确保项目验收报告易于理解。

(2) 客观公正:在描述项目的实施过程和成果时,应保持客观公正的态度,不夸大成果也不回避问题,以便为读者提供真实可靠的信息。

(3) 图表支持:适当使用图表和图像来支持结论,如流程图、柱状图、饼图等可以直观地传达信息,提高项目验收报告的可读性。但要注意图表的质量和清晰度,确保其准确性和专业性。

（4）重视细节：在展示项目成果时，要重视细节的描述和分析，例如提供具体的数据指标和分析结果等，以便读者更好地了解项目的性能和质量。

（5）问题分类与总结：将项目中遇到的问题进行分类和总结，如技术问题、沟通问题、进度问题等。这有助于发现项目的共性问题并提供有针对性的改进建议。

15.4.5　项目验收报告的提交与审查

项目验收报告的提交与审查应该注意以下几点。

（1）提交方式：项目验收报告应以正式的书面形式提交给相关利益方，如项目发起人、客户、项目团队等。同时，也可以通过电子邮件或在线平台进行提交。

（2）审查流程：项目验收报告的审查应由独立于项目团队的第三方进行，以确保报告的客观性和公正性。审查人员应包括技术专家、行业专家和项目管理专家等。

（3）反馈与修改：在审查过程中，审查人员可能会对报告提出反馈意见或建议修改的地方。项目团队应根据反馈进行相应的修改和完善，以确保报告的质量和准确性。

（4）批准与归档：经过审查并得到批准的项目验收报告应进行归档保存，以备后续查阅和使用。同时，报告也可以作为项目的一个重要里程碑和项目总结的依据。

以上的书写规范和注意事项，可以帮助项目团队更好地撰写云计算网络项目的项目验收报告。在实际书写过程中，应根据项目的具体情况和需求进行调整和完善。同时，应注意保持书写规范的一致性和准确性，以确保报告的可读性和可执行性。提交和审查项目验收报告可以更好地展示项目的成果和价值，为项目的成功画上圆满的句号。

15.5　维护手册

云计算网络项目的维护手册是为了确保项目的稳定性和持续运行而制定的关键文档。该手册提供了关于系统维护、故障排查、安全防范等方面的详细指南和操作步骤。

15.5.1　手册的目的

维护手册的主要目的是提供关于云计算网络项目的系统维护和故障排查等方面的详细指南，以确保项目的稳定性和持续运行。该手册应包括系统的安装配置、升级维护、故障排查、安全防范等方面的操作说明和流程。此外，维护手册还可以为项目团队和技术人员提供参考和指导，以便更好地理解和掌握系统的维护和管理。

15.5.2　手册内容

维护手册的内容应包括以下几个方面。

（1）系统概述：介绍云计算网络项目的总体架构、技术选型、系统功能等，以便对系统有一个全面的了解。

（2）安装配置：提供详细的安装配置指南，包括软硬件环境、网络拓扑结构、服务器配置、存储与备份策略等，以便正确地安装和配置系统。

（3）升级维护：描述系统的升级和维护流程，包括版本更新、补丁修复、安全加固等，以确保系统的持续升级和维护。

（4）故障排查：提供常见的故障排查指南，包括系统异常处理、故障排除步骤、应急预案等，以便及时发现和解决问题。

（5）安全防范：强调系统的安全防范措施，包括防火墙配置、访问控制策略、加密解密技术、防止恶意攻击等，以确保系统的安全性和稳定性。

（6）操作文档：提供相关的操作文档和日志文件，以便技术人员进行参考和排错。

15.5.3　手册结构

维护手册的结构应清晰明了，包括封面、目录、正文和附录等部分。以下是具体的结构建议。

（1）封面：包括项目名称、手册名称、编写人、编写日期和所在组织等信息。

（2）目录：列出手册的主要章节和对应的页码，以便读者快速了解手册的结构和内容。

（3）正文：按照上述内容建议进行撰写，包括系统概述、安装配置、升级维护、故障排查、安全防范和操作文档等章节。

（4）附录：提供相关的辅助材料，如技术文档、图表数据等。

15.5.4　书写规范与注意事项

在书写维护手册时，应遵循以下规范和注意事项。

（1）简洁明了：使用简洁明了的语言，避免使用过于专业的术语和技术性过强的描述，以确保手册易于理解。

（2）图文并茂：适当使用图表和图像来描述操作步骤和流程，可以更加直观地传达信息，提高手册的可读性。

15.5.5　手册的更新和维护

手册的更新和维护需要注意以下几点。

（1）更新频率：维护手册应定期进行更新和维护，以适应系统版本的升级、安全漏洞的修复和新技术的引入等情况。

（2）更新流程：在系统更新或升级时，应同步更新维护手册的内容，以确保手册的准确性和时效性。

（3）维护记录：在手册中应记录维护和更新的历史记录，包括修改的日期、修改的内容、修改的原因等，以便追踪和管理。

（4）审核与批准：对维护手册的更新和维护应经过审核和批准，以确保内容的准确性和完整性。

15.5.6　手册的发布与分发

手册的发布与分发的注意事项如下。

（1）发布渠道：维护手册可以通过文档库、在线平台或电子邮件等方式进行发布和分发,以便相关利益方获取和使用。

(2) 分发对象:维护手册的分发对象应包括项目团队成员、技术支持人员、客户等,以便他们能够更好地理解和使用系统。

(3) 版本控制:在发布和维护手册时,应进行版本控制,以确保不同版本的手册能够得到正确的使用和管理。

以上的书写规范和注意事项,可以帮助项目团队更好地撰写云计算网络的项目的维护手册。在实际书写过程中,应根据项目的具体情况和需求进行调整和完善。同时,应注意保持书写规范的一致性和准确性,以确保手册的可读性和可执行性。定期更新和维护手册,可以确保项目的稳定性和持续运行,为项目的成功提供有力的支持。

15.6 实践任务

1. 实践目标

培养学生撰写常见的项目交付过程中标准文档的能力,并了解实际项目中需要交付的标准文档种类及撰写标准。

2. 实践内容

(1) 根据标准撰写项目总结报告。

(2) 为用户撰写关键技术报告。

(3) 整理并完善整体项目实施报告。

(4) 整理并完善项目验收报告。

(5) 为用户撰写日常维护手册。

第6部分 新技术展望

云计算和网络在今后的发展将会更加深度地融合,为企业提供更加全面和高效的支持。

(1)更高的灵活性和可扩展性:通过云网融合,企业可以更加灵活地调整资源,以满足不断变化的市场需求。同时,网络的高速传输和覆盖范围广的特点,也可以帮助企业快速扩展业务,提高市场竞争力。

(2)更高的安全性:云计算和网络技术都可以提供多种安全保障措施,如加密、身份认证、访问控制等。云网融合可以进一步提高网络安全性,减少企业面临的安全风险。

(3)更低的成本:通过云网融合,企业可以避免高昂的设备和维护成本。同时,网络也可以通过优化路由等方式降低成本,提高企业的经济效益。

在云网融合的技术方面,虚拟化技术将被广泛应用到企业中。虚拟化技术可以将物理硬件资源转化为逻辑资源,从而实现资源的共享、灵活配置和高效利用。例如,企业可以通过虚拟化技术将服务器、存储设备和网络设备等资源进行池化,实现资源的动态分配和扩展,以满足不断变化的应用需求。

第 16 章

云网新技术

通过对本章的学习,学生可以掌握 SDN 和虚拟可扩展局域网(virtual extensible local area network,VXLAN)等关键技术。这些技术能够优化网络管理、提升网络性能并降低网络复杂度,为现代云计算应用提供更高效、安全和灵活的网络支持。

随着云计算、大数据和人工智能等技术的快速发展,SDN 和 VXLAN 等技术已经成为新一代信息技术的重要组成部分。学习和掌握这些技术,有助于推动我国信息技术的发展和创新,促进经济社会的数字化转型和发展。

16.1 新网络技术概述

随着移动互联网技术与业务飞跃式地发展,大数据、物联网、公有云及"互联网+"等新业务逐渐成为 IT 业务的发展趋势,这些新 IT 业务对传统网络提出了新的要求。

(1) 通过统一的 IT 资源管理平台,根据业务需要实现网络资源的弹性伸缩部署。

(2) 能够灵活实现不同业务/用户网络间的互通和隔离。

(3) 为所承载业务提供全面安全的防护解决方案。

(4) IT 资源管理平台具备开放的可编程接口,便于 IT 管理员根据业务需求定制化实现管理平台功能扩展。

为了更好地承载新 IT 业务,传统网络面临了诸多挑战。

(1) 日益膨胀的网络规模,对传统网络中设备的转发表项规格、网络的运维、管理提出了极大挑战。

(2) 多业务承载、业务快速上线都要求网络部署灵活,传统网络难以胜任。

(3) 资源虚拟化愈演愈烈,传统网络无法实现虚拟机跨二层网络迁移,而生成树协议(spanning tree protocol,STP)、智能弹性框架(intelligent resilient framework,IRF)、多链路透明互联(transparent interconnection of lots of links,TRILL)等大二层网络技术在一定程度上都存在实现和扩展的局限性。

（4）传统网络都对虚拟化缺乏有效管理手段，且传统网络缺乏对细粒度数据中心内部流量的安全防护解决方案。

由云计算、虚拟化、大数据等新业务带来的挑战可以看出，云计算项目不再由网络决定业务部署方式，而转变成了由业务驱动网络创建、网络随业务变化而变化、网络支撑用户业务部署的形式。传统网络设备大多由设备厂商独有设计开发，具有固化、封闭、开发周期长等特征，因而无力灵活应对上述挑战，迫切需要一个全新的网络架构和技术来克难攻坚、排忧解难。

图 16-1 所示的新网络技术正是在这样的背景下应运而生，它将控制与转发进行分离，实现软、硬件解耦，并能够在标准硬件平台上部署所需的网络业务，利用软件定义的形式，使得网络完全根据用户业务驱动、自上而下、随需进行灵活构建，从而满足用户的运维集中管理、部署灵活弹性、资源池化管理、海量租户规格、租户安全隔离、网络安全可靠等诸多需求。

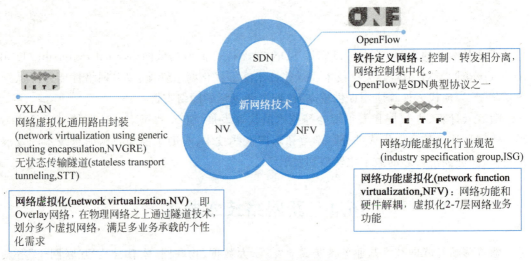

图 16-1　新网络技术概述

目前主流的新网络技术包括以下几个。

（1）SDN：一种创新性的网络架构。它通过 OpenFlow 等标准化技术实现网络设备的控制层面和数据层面的分离，进而实现对网络流量的灵活、集中、细粒度的控制，从而为网络的集中管理和应用的加速创新提供了良好的平台。由此企业和运营商将获得的网络具有前所未有的可编程性、自动化和控制能力，使他们很容易适应变化的业务需求，建立高度可扩展的弹性网络。

其中，OpenFlow 技术是 SDN 架构的重要技术支撑，SDN 控制器是 SDN 理念的最终执行者。OpenFlow 允许 SDN 控制器直接访问和操作网络设备的转发平面，这些网络设备可能是物理的，也可能是虚拟的路由器或者交换机。

（2）NV：即 Overlay 网络，是一种网络叠加的虚拟化技术模式，通过隧道技术将网络划分为多个逻辑上隔离的虚机网络，进而满足多业务承载的个性化需求。通过 Overlay 技术，用户原始数据可以通过路由方式在网络中分发，具备良性大规模扩展能力。

Overlay 网络是物理网络向云和虚拟化的深度延伸，使云资源池化可以摆脱物理网络的重重限制,是实现云网融合的关键。Overlay 有网络 Overlay、主机 Overlay 和混合 Overlay 三种网络部署模型。网络 Overlay 的隧道封装在物理交换机完成,转发性能比较高,可以支持非虚拟化的物理服务器之间的组网互通,但是需要大批量更换设备;主机 Overlay 隧道封装由虚拟设备完成,它纯粹由服务器实现 Overlay 功能,对现有网络改动不大,但是可能存在转发瓶颈;混合 Overlay 融合了两种 Overlay 方案的优点,既可以发挥硬件网关(gateway,GW)的转发性能,又尽可能地减少对于现有网络的改动。

通过 SDN 架构实现 Overlay 网络的控制平面,容易与计算功能整合,能够更好地使网络与业务目标保持一致,实现 Overlay 业务全流程的动态部署。

(3) NFV:NFV 的目标是希望通过普遍使用的硬件承载各种各样的网络软件功能,实现软件的灵活加载,通过在数据中心、网络节点和用户端等各个位置灵活的配置,加快网络部署和调整的速度,降低业务部署的复杂度及总体投资成本,提高网络设备的统一化、通用化、适配性。

NFV 与 SDN 有很强的互补性,NFV 增加了功能部署的灵活性,SDN 可进一步推动 NFV 功能部署的灵活性和方便性,例如利用 SDN 将控制平面和数据平面分离,软件控制平面被转移到了更优化的位置,数据平面的控制被从专有设备上提取出来,并且标准化,使得网络和应用的革新不需要网络设备硬件升级。这些都使现有的部署进一步简化,减轻运营和维护的负担。同时,NFV 能为 SDN 的运行提供新基础架构的支持,如将控制平面和数据平面的功能直接运行在标准服务器上,昂贵的专业设备被通用硬件和高级软件替代,简化了 SDN 的部署。

16.2 SDN

16.2.1 SDN 架构

如图 16-2 所示,SDN 是一种创新性的网络架构、理念和技术框架,具备以下三个基本特征。

(1) 控制器与转发平面相分离。
(2) 实现网络集中控制。
(3) 控制器具备开放的可编程接口,能够灵活实现控制器功能的扩展。

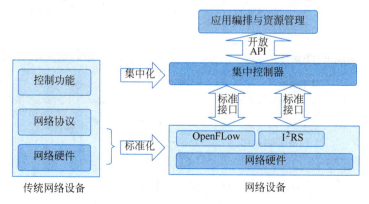

图 16-2 SDN 架构

SDN 网络主要由控制器、转发设备及控制协议三个部分组成。其核心技术分为控制器和北向接口技术。

（1）控制器：集中管理网络中所有设备，虚拟整个网络为资源池，根据用户不同的需求及全局网络拓扑，灵活动态地分配资源。SDN 控制器具有网络的全局视图，负责管理整个网络：对下层，其通过标准的协议与基础网络进行通信；对上层，其通过开放接口向应用层提供对网络资源的控制能力。

（2）北向接口：通过控制器向上层业务应用开放的接口，目的是使得业务应用能够便利地调用底层的网络资源和能力。北向接口直接为业务应用服务，其设计需要密切联系业务应用需求，具有多样化的特征。

（3）SDN 应用层：通过控制层提供的编程接口对底层设备进行编程，把网络的控制权开放给用户，用户基于以上技术开发各种业务应用，实现丰富多彩的业务创新。

16.2.2 交换机和南向接口技术

（1）交换机：专注于单纯的数据、业务转发，关注的是与控制层的安全通信，其处理性能一定要高，以实现高速数据转发。

（2）南向接口：交换机与控制器信号传输的通道，相关的设备状态、数据流表项和控制指令都需要经由 SDN 的南向接口传达，实现对设备管控。

16.2.3 SDN 主流技术

能够实现 SDN 网络架构的技术都称为 SDN 技术，如图 16-3 所示。除了我们熟知的 OpenFlow 外，NFV、Overlay 以及由因特网工程任务组（internet engineering task force，IETF）提出的路由系统接口（interface to the routing system，I^2RS）/转发与控制分离（forwarding and control element separation，ForCES）等技术都属于 SDN 主流技术。

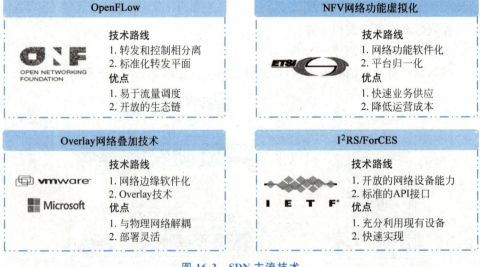

图 16-3　SDN 主流技术

如图 16-4 所示,SDN 架构主要包括下面几个部分。

应用层包括各种不同的业务和应用,可以管理和控制网络对应用转发/处理的策略,也支持对网络属性的配置实现提升网络利用率、保障特定应用的安全和服务质量,面向应用的可编程北向接口目前仍处于需求讨论阶段。

控制层主要负责处理数据转发面资源的抽象信息,可支持网络拓扑、状态信息的汇总和维护,并基于应用的控制来调用不同的转发面资源。

OpenFlow 协议的制定和完善是 ONF 最高优先级的任务,OpenFlow 规范已发布多个版本。

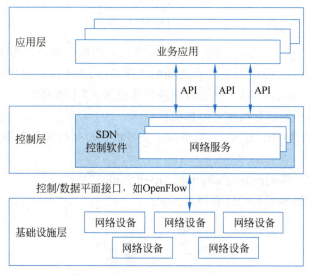

图 16-4 ONF 提供的 SDN 架构

16.2.4 SDN 基础设施

基础设施层(数据转发层)负责基于业务的流表的数据处理、转发和状态收集。

SDN 的基本构件包括控制器和 OpenFlow 交换机。如图 16-5 所示,OpenFlow 交换机

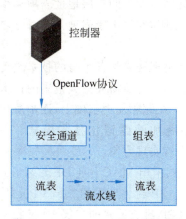

图 16-5 OpenFlow 交换机示意图

包括用来执行包的查找转发的一个或多个流表以及一个组表和用于连接外部控制器的 OpenFlow 通道。OpenFlow 交换机通过 OpenFlow 协议与控制器通信,控制器通过 OpenFlow 协议管理 OpenFlow 交换机。

16.2.5　OpenFlow 流表介绍

如图 16-6 所示,OpenFlow 流表包括下面六个部分。

图 16-6　OpenFlow 流表

(1) 匹配域(Match Fields):用于对交换机接收到的数据包的包头内容进行匹配。

(2) 优先级(Priority):定义流表项之间的匹配顺序,优先级高的先匹配。

(3) 计数器(Counters):针对交换机中的每张流表、每个数据流、每个设备端口、每个转发队列进行维护,用于统计数据流量的相关信息。

(4) 动作指令集(Instructions):用于指示交换机在收到匹配的数据包后应该如何对其进行处理。

(5) 超时定时器(Timeouts):idle time、hard time。

(6) Cookie:控制器下发的流表项的标识。

16.3　VXLAN

虚拟机迁移范围受到网络架构限制:虚拟机迁移的网络属性要求,当其从一个物理机上迁移到另一个物理机上时,虚拟机需要不间断业务,因而需要其 IP 地址、MAC 地址等参数维持不变,如此则要求业务网络是一个二层网络,且要求网络本身具备多路径多链路的冗余和可靠性。

虚拟机规模受网络规格限制:在大二层网络环境下,数据流均需要通过明确的网络寻址以保证准确到达目的地,因此网络设备的二层地址表项大小(即 MAC 地址表),成为决定了云计算环境下虚拟机的规模上限,并且由于表项并非百分之百的有效,可用的虚机数量进一步降低。

上述的挑战,如果完全依赖物理网络设备本身的技术改良,目前看来并不能完全解决大规模云计算环境下的问题,一定程度上还需要更大范围的技术革新来消除这些限制,以满足云计算虚拟化的网络能力需求。在此驱动力基础上,逐步演化出 Overlay 网络技术。

Overlay 网络是一种网络叠加的虚拟化技术模式。主流的网络虚拟化技术包括 VXLAN、NVGRE、STT 三大主流实现方案。

(1) VXLAN:基于 IP 网络、采用 MAC in UDP 封装形式的二层 VPN 技术。

(2) NVGRE:采用 MAC in IP 封装形式的二层 VPN 技术。

(3) STT:采用 MAC in TCP 封装形式的二层 VPN 技术。

三种网络虚拟技术为基于 IP 网络构建大二层网络提供了解决方案,相比传统 VLAN

技术而言，大幅提升了租户网络的数量（从 4096 增加到 2 的 24 次方）；三种技术关键不同之处就在于承载二层报文的协议有所不同，VXLAN 采用 UDP 协议承载二层报文，相比 NVGRE 技术和 STT 技术具有可实现 IP 网络等价路由的负载分担，以及对传输层协议报文没有修改的优势，广受业界认可，已成为市场上主流的 Overlay 技术。

VXLAN 是 Overlay 技术的一种，通过隧道机制在现有网络上构建一个叠加的网络从而绕过现有 VLAN 标签的限制。隧道的源目设备为 Overlay 边缘设备。

16.3.1　VXLAN 的优势

VXLAN 有以下三个优势。

（1）支持大量的租户：使用 24 位的标识符，最多可支持 2 的 24 次方（16777216）个 VXLAN，支持的租户数目大规模增加，解决了传统二层网络 VLAN 资源不足的问题。

（2）虚拟机迁移 IP、MAC 不变：采用了 MAC in UDP 的封装方式，实现原始二层报文在 IP 网络中的透明传输，保证虚拟机迁移前后的 IP 和 MAC 不变。

（3）易于维护：基于 IP 网络组建大二层网络，使得网络部署和维护更加容易，并且可以充分地利用现有的 IP 网络技术，例如利用等价路由进行负载分担等；只有 IP 核心网络的边缘设备需要进行 VXLAN 处理，网络中间设备只需根据 IP 头转发报文，降低了网络部署的难度和费用。

16.3.2　VXLAN 的概念

VXLAN 技术是通过采用 MAC in UDP 的封装技术，在传统的三层 IPv4/IPv6 的网络上实现扩展大二层网络的 Overlay 技术。

每一个 Overlay 的二层网络，被称作一个 VXLAN segment。属于相同 VXLAN segment 的物理机或虚拟机处于同一个逻辑二层网络，彼此之间二层互通，不同的 VXLAN segment 二层隔离。

VXLAN segment 通过 VXLAN ID 来标识，其长度为 24bit。

除了上文提到的 VXLAN 概念，图 16-7 还展示了如下概念。

（1）VXLAN 隧道端点（vxlan tunnel end point，VTEP）：VXLAN 的边缘设备。VXLAN 的相关处理都在 VTEP 上进行，例如识别以太网数据所属的 VXLAN、基于 VXLAN 对数据进行二层转发、封装/解封装报文等。VTEP 可以是一台独立的物理设备，也可以是虚拟机所在的服务器。

（2）VXLAN Tunnel：两个 VTEP 之间的点到点逻辑隧道。VTEP 为数据封装 VXLAN 头、UDP 头、IP 头后，通过 VXLAN 隧道将封装后的报文转发给远端 VTEP，远端 VTEP 对其进行解封装。

（3）核心设备：IP 核心网络中的设备（如图 16-7 中的 P 设备）。核心设备不参与 VXLAN 处理，仅需要根据封装后报文的目的 IP 地址对报文进行三层转发。

（4）虚拟交换实例（virtual switching instance，VSI）：VSI 可以看作是 VTEP 上的一台基于 VXLAN 进行二层转发的虚拟交换机，它具有传统以太网交换机的所有功能，包括源 MAC 地址学习、MAC 地址老化、泛洪等。VSI 与 VXLAN 一一对应。

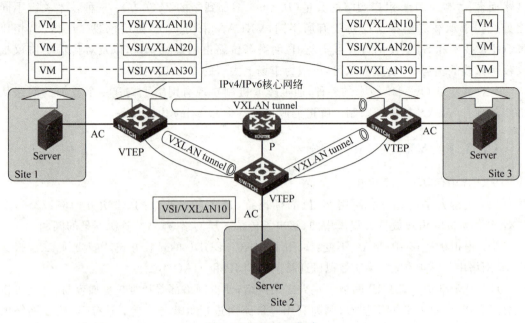

图 16-7　VXLAN 概念

（5）接入链路（attachment circuit，AC）：接入终端接入 VTEP 的逻辑链路，要指定接入到 VXLAN segment 的感兴趣流。

如图 16-8 所示，VXLAN 封装整个占 50B，其基本封装格式为 L2UDP，即使用 UDP 封装二层报文。其 UDP 目的端口号为 4789，而源端口号可按流进行分配，因此在 Underlay 网络中可以根据五元组来 Hash，从而实现 VXLAN 报文的流量负载。

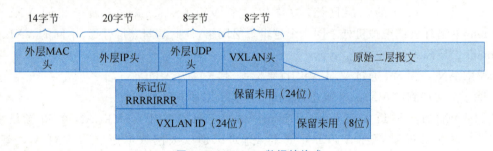

图 16-8　VXLAN 数据帧格式

VXLAN 封装头占 8 个字节，其中标志位占 8bit，第五个 bit 的 1 标志位必须设置成 1，其他 7 位均为保留位。虚拟网络标识符（virtual network identifier，VNI）占 24bit，这也是 VXLAN 支持 2 的 24 次方个 ID 的原因。其他 32bit 为保留字段。

在 VXLAN 头的外部还有外层 UDP 头和外层 IP 头，这两层封装与普通的 UDP 报文无异。外层 IP 头的源目 IP 为隧道两端的 VTEP 设备地址；如果虚拟机监视器（hypervisor）承担了 VTEP 工作，则 IP 地址为服务器网卡地址，如果 VTEP 为接入交换机，则 IP 地址为出端口上的 IP 地址或者三层接口地址、loopback 地址。

最外面一层为 MAC 头，外层二层 MAC 头为报文在 Underlay 网络中做二、三层转发的 MAC 地址，根据 Underlay 网络实际转发下一跳确定，与传统网络转发行为无异。

16.3.3　VXLAN 的隧道模式

（1）L2 Gateway：二层转发模式，VTEP 通过查找 MAC 地址表项对流量进行转发，用于 VXLAN 和 VLAN 之间的二层通信。

（2）IP Gateway：三层转发模式，VTEP 设备通过查找 ARP 表项对流量进行转发，用于 VXLAN 和外部 IP 网络之间的三层通信。

根据 Spine 所承担功能的不同，数据中心 VXLAN 网络又分为 VXLAN 集中式网关组网模型和 VXLAN 分布式网关组网模型。

如图 16-9 所示，对于 VXLAN 集中式网关而言，其功能与上文所述一致，由 Leaf 进行二层 VXLAN 报文的处理，Spine 进行三层 VXLAN 报文的处理。此时网关的功能实际上是由 Spine 上的 vsi-interface 接口承担。

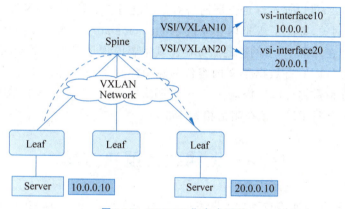

图 16-9　VXLAN 集中式网关

该模型简洁明了，与传统网络的接入-核心组网模型类似，也是 SDN 数据中心早期落地较多的一种模型。

但随着数据中心规模的扩大和业务的深入，这种模型也暴露出了一定的缺点：数据中心内部的三层转发流量均需要经过 Spine 处理，存在多次封装及流量路径非最优等问题。因而在此基础上人们引入了 VXLAN 网络分布式网关组网模型。

如图 16-10 所示，VXLAN 分布式网关组网模型的设备角色和组网连线均与集中式网关一致，不同之处在于 Spine 的网关功能下沉至 Leaf，即 Leaf 同时具备了二层报文和三层报文的处理能力。从设备配置角度来说，原集中式网关在 Spine 上的 vsi-interface 接口会在每台 Leaf 上均生成一个，而 vsi-interface 接口上会配置本网段的网关 IP 地址。此时，只要是数据中心内部的流量，均在同一台 Leaf 内部或 Leaf 与 Leaf 之间直接建立 VXLAN 隧道进行转发，不需要经由 Spine 处理。

对于数据中心内部与外网之间互通的流量，会由 Leaf 通过 VXLAN 隧道发送至 Spine，Spine 将 VXLAN 解封装并发送给外网设备，此时 Spine 仍旧具有三层转发的能力，但该 vsi-interface 仅仅作为与外网互通的三层接口，我们把与外部网络进行连接的 Overlay 边缘设备称为 Border。

VXLAN 是一种网络虚拟化技术，用于改进大型云计算在部署时的扩展问题。它是对

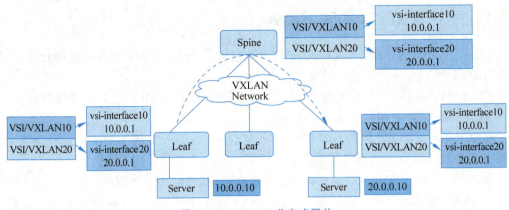

图 16-10 VXLAN 分布式网关

VLAN 的一种扩展,可以通过穿透三层网络对二层进行扩展。VXLAN 通过封装流量并将其扩展到第三层网关,解决了虚拟内存系统(virtual memory system,VMS)的可移植性限制,使其可以访问在外部 IP 子网上的服务器。其主要原理是引入一个 UDP 格式的外层隧道作为数据链路层,而原有数据报文内容作为隧道净荷加以传输。由于外层采用了 UDP 作为传输手段,净荷数据可以轻松地在二、三层网络中传送。VXLAN 已成为业界主流的虚拟网络技术之一,并且 IETF 正在制定相关标准。

16.4 云网融合解决方案

随着云计算和网络通信技术的不断发展、云网融合促进了信息基础设施及业务的深刻变革。

云网融合是指将云计算和网络通信技术深度融合,以实现更加智能、高效、安全的信息基础设施及业务。它包括云计算平台、网络设备、数据中心等多个组成部分,通过协同工作,实现资源共享、数据互通、业务协同等功能。

目前主流的云网融合技术主要包括以下几种。

(1) SDN:一种网络编程接口,通过将网络控制面与数据面解耦,实现网络设备的集中式控制。SDN 技术能够提供灵活的网络架构,支持快速部署和自动化配置,从而满足云网融合的需求。

(2) NFV:通过将网络功能虚拟化,实现网络服务的动态部署和资源共享。这种方式能够降低网络设备的成本,提高资源利用效率,同时提供灵活的网络服务。

(3) 云计算与网络的融合:随着云计算技术的发展,越来越多的企业开始将网络服务融入云平台。通过将网络功能作为云服务提供,可以实现网络资源的按需分配和自动化管理,提高业务灵活性和可靠性。

(4) 5G 网络与云计算的融合:5G 网络具有高速、低延迟、大连接等特点,与云计算相结合能够提供更高效的网络服务。5G 网络可以支持各类物联网设备的高密度接入,同时还能为云游戏、虚拟现实(virtual reality,VR)/增强现实(augmented reality,AR)等应用提供低延迟、高速的网络连接。

SDN 在云网融合方案中能够提供灵活、可扩展、自动化管理的网络环境,同时保障网络的安全性和可靠性,降低企业成本。这些优势使得 SDN 成为云网融合方案中的重要技术之一。

(1) 灵活性:SDN 能够提供灵活的网络架构,支持自定义配置,满足不同业务需求。通过 SDN,企业可以快速部署网络服务,并根据业务需求灵活调整网络配置。

(2) 可扩展性:SDN 采用软件定义的方式,能够轻松扩展网络资源。当业务需求增加时,企业可以通过添加软件定义的网络功能模块来扩展网络规模,满足增长需求。

(3) 自动化管理:SDN 支持通过网络控制器实现自动化管理。企业可以通过 SDN 控制器编写程序来自动化配置和管理网络设备,降低管理成本和操作错误。

(4) 安全性和可靠性:SDN 能够提供安全可靠的网络环境,通过软件定义的安全策略和网络隔离,保护企业数据安全。同时,SDN 还支持网络服务的备份和故障恢复,提高网络的可靠性和稳定性。

(5) 降低成本:SDN 采用软件定义的方式,能够降低网络设备的成本。企业不需要频繁更换和升级硬件设备,只需要通过软件升级和更新来满足业务需求,从而降低总体成本。

16.5 实践任务

1. 实践目标

培养学生基于新网络技术设计网络基础架构的能力,使其掌握当前流行的新网络技术特点及应用场景,并了解新网络技术的发展趋势。

2. 实践内容

结合 B 市分公司现有业务,设计一套基于新网络技术的云网融合解决方案,要求技术方案具备先进性、合理性。

参 考 文 献

[1] 李正茂,雷波,孙震强,等.云网融合:算力时代的数字信息基础设施[M].北京:中信出版集团,2022.

[2] 中国联通研究院.算力网络:云网融合2.0时代的网络架构与关键技术[M].北京:电子工业出版社,2022.

[3] 卢红,朱双全.基于5G技术的智慧病房建设探讨[J].中国卫生信息管理杂志,2021,18(2):180-183,193.

[4] 庞丽群,王春莲,杨桂兰.大数据时代基于云会计的人才培养模式探究[J].吉林工商学院学报,2021,37(2):119-121.

[5] 张娅,刘红,程玉松.5G网络切片面向工业互联网的技术实践[J].电信工程技术与标准化,2021,34(4):34-39.

[6] 孙坦,黄永文,鲜国建,等.新一代信息技术驱动下的农业信息化发展思考[J].农业图书情报学报,2021,33(3):4-15.

[7] 佟巍,蒋英豪.5G时代云网融合的发展和建设策略研究[J].信息通信,2020(12):249-251.

[8] 王桂荣,陈运清.云网融合2.0:技术与实践[M].北京:人民邮电出版社,2023.

[9] 中国电信集团公司.云网融合实践与探索[M].北京:人民邮电出版社,2021.